工业机器人程序设计与实践

◎ 吴鹏 主编

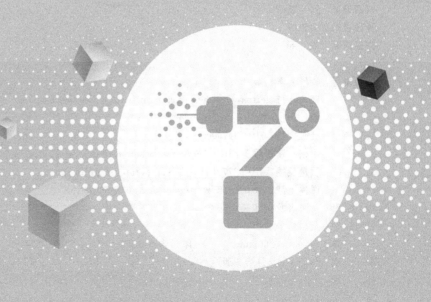

清华大学出版社

北京

内 容 简 介

本书把工业机器人技术与专业教学资源相融合,既有理论基础又有实践操作。教材编写组由沈阳师范大学、北京博创智联科技有限公司、中国电子学会嵌入式系统与机器人分会组成。本书第 1~6 章为工业机器人应用基础,介绍了 ABB 工业机器人基本操作、工业机器人 I/O 通信、工业机器人基本编程、工业机器人离线仿真,第 7~10 章为机器人工装平台设计,第 8~16 章为应用案例,机器人教学设备由北京博创智联科技有限公司提供。

图书在版编目(CIP)数据

工业机器人程序设计与实践/吴鹏主编. —北京:清华大学出版社,2018(2024.8重印)
ISBN 978-7-302-49106-4

Ⅰ. ①工… Ⅱ. ①吴… Ⅲ. ①工业机器人—程序设计 Ⅳ. ①TP242.2

中国版本图书馆 CIP 数据核字(2018)第 202192 号

责任编辑:贾 斌 薛 阳
封面设计:刘 键
责任校对:胡伟民
责任印制:刘 菲

出版发行:清华大学出版社
　　　网　　　址:https://www.tup.com.cn,https://www.wqxuetang.com
　　　地　　　址:北京清华大学学研大厦 A 座　　　　邮　编:100084
　　　社 总 机:010-83470000　　　　　　　　　　邮　购:010-62786544
　　　投稿与读者服务:010-62776969,c-service@tup.tsinghua.edu.cn
　　　质量反馈:010-62772015,zhiliang@tup.tsinghua.edu.cn
　　　课件下载:https://www.tup.com.cn,010-83470236
印 装 者:三河市龙大印装有限公司
经　　销:全国新华书店
开　　本:185mm×260mm　　　印　张:14.75　　　字　数:362 千字
版　　次:2018 年 10 月第 1 版　　　　　　　　　印　次:2024 年 8 月第 5 次印刷
印　　数:2001～2200
定　　价:49.00 元

产品编号:076537-01

序

众所周知,伴随《中国制造 2025》和工业 4.0 时代的到来,作为智能制造的基础装备——工业机器人及其技术与产业的发展越来越受到高度重视,这不仅是因为它在提高智能制造产品加工效率与质量方面的独特优势;同时它也是解决制造生产第一线存在的大量、繁重、单调,甚至危险作业而导致的招工难、劳动力短缺、劳动力成本上升问题的一种手段;更是面对多品种、小批量、定制化、柔性化、网络化设计制造模式的发展趋势;以及提升一个国家智能制造综合竞争力的必然选择。正如国家主席习近平在 2014 年 6 月 9 日的两院院士大会上所说:"机器人革命"有望成为"第三次工业革命"的一个切入点和重要增长点,将影响全球制造业格局。他还指出,机器人是"制造业皇冠顶端的明珠",其研发、制造、应用是衡量一个国家科技创新和高端制造业水平的重要标志。

工业机器人技术是一门以高效率制造优质产品为核心,涉及机械学、电子学、计算机科学、控制技术、传感器技术、仿生学、人工智能,甚至生命科学等多学科的交叉性高新技术,在有些国家,工业机器人已经成为一种标准设备在工业自动化领域广泛应用,形成了一批在国际上具有较高影响力的工业机器人公司,如瑞典的 ABB、德国的 KUKA、日本的 FANUC和 YASKAWA。在国内工业机器人市场正在呈现井喷式增长,2016 年中国市场工业机器人销售总量达 8.3 万台,同比增长 56%,一大批诸如新松、埃夫特、新时达、哈工大博实、广州数控等国产自主品牌的工业机器人公司正在崛起,他们的产品广泛应用于汽车制造业、电子电气行业、橡胶及塑料工业、铸造行业、化工行业、食品行业等。

当前工业机器人技术与产业的发展趋势主要表现为标准化、模块化、小型化、网络化、智能化、多机协调化等。工业机器人技术的发展依赖于这些相关学科技术的发展和进步,更依赖于掌握相关技术的高层次人才,其中对于推动工业机器人技术高速发展的工程应用人才的需求更是迫切。

如今市场上有许多关于工业机器人方面的书籍,这方面图书的出版呈现了欣欣向荣的景象,对于学习、应用、研究的读者来说受益匪浅。目前在互联网、书店或市场上看到的工业机器人技术书籍主要分为两类,一类是各机器人厂家的操作指导说明书,过于简单,缺乏相关技术的理解与支撑;另一类是偏于理论与技术研究的书籍,过于学术,缺乏案例指导与实践。这两类书籍对于广大读者想要将来走向制造生产第一线的应用工程师来说都不太实用。因此,一种相对全面系统,针对零基础学习者使用的工业机器人技术教材就成为时下图书出版的当务之急。

本书以工业机器人的工程技术应用人才培养为核心,以工业生产和实际应用为主导思想,以瑞典 ABB 机器人为对象,详细阐述和讲解了工业机器人应用过程中所涉及的本体操作、示教编程、工装卡具、电气设备等相关知识。本书图文并茂、言简意赅,深入浅出地介绍了工业机器人码垛、搬运、视觉分拣、焊接、装配等各应用知识,打破传统理论教学与实践教学的界限,将知识点和技能点融入具体的案例项目中,采用工学结合、案例引导、"教学与实践"一体化的教学模式,旨在全面培养读者的应用能力与创新思维,使读者所学即所用,特别适合高校和院所作为工业机器人工程技术应用专业的基础教材。

希望广大读者能够通过对本书的学习、思考与实践,从容地胜任各类工业机器人工程应用岗位的要求。

前言

在工业领域，人们把可编程控制技术、数控技术和工业机器人技术称为现代制造业的三大支柱。工业机器人技术自从问世以来，就力求在高速度、高精度、高可靠性、便于操作和维护等方面不断有所突破。随着视觉技术、速度、加速度等传感器技术与工业机器人技术的结合，工业机器人的智能化、适应性和安全性得到了前所未有的提升。工业机器人以其稳定、高效、低故障率等众多优势正越来越多地代替人工劳动，成为现在和未来加工制造业的重要技术和自动化装备。

随着工业产品竞争的日趋激烈，世界各国都在致力于发展智能工厂、智能生产和智能物流的柔性智能产销体系。我国顺应国际发展趋势和国情，提出了中国制造蓝图，提出了我国加工制造业的转型方向和目标。不久的将来，我国对工业机器人这种智能化终端设备的使用量将呈快速增长的态势，这些设备的投入将给生产现场的技术人员提出新的技术要求和挑战。

在教材方面，工业机器人的操作编程只能依靠机器人企业的培训和产品手册，极度缺乏系统学习和相关知识技能的指导。虽然市面上有一些关于工业机器人方面的教材，但普遍偏向于理论和研究，适合高等院校教学的教材尚不多。因此开发适合职业教育特点的教材是当前开展工业机器人技术专业人才培养急需解决的问题。

本书集合了工业机器人技术专业教学资源库建设成果，教材编写组由沈阳师范大学、北京博创智联科技有限公司、中国电子学会嵌入式系统与机器人分会组成。本书第1～6章为工业机器人应用基础，介绍了ABB工业机器人基本操作、工业机器人I/O通信、工业机器人基本编程、工业机器人离线仿真；第7～10章为机器人应用搭建，第8～16章为工业机器人应用案例，机器人教学设备由北京博创智联科技有限公司提供。

由于编者水平有限，书中难免出现疏漏，欢迎广大读者提出宝贵意见和建议。

编　者
2018 年 8 月

目录

第1章

机器人基础知识

1.1 机器人概况

机器人是集机械、电子、控制、计算机、传感器、人工智能等多学科先进技术于一体的现代制造业重要的自动化装备。国际标准化组织(ISO)对机器人进行了定义:"机器人是一种具有自动控制的操作和移动功能,能够完成各种作业的可编程操作机。"

机器人诞生在20世纪中期,按照现在机器人的技术发展水平,可将机器人划分为三代。第一代为示教再现机器人,该机器人能够沿着事先示教好的轨迹、行为进行重复作业运动。操作人员利用机器人的示教器来控制机器人一步一步地运动,并把每一步的运动信息存储下来,机器人即可通过读取这些信息来自动实现运动。第二代机器人为感知机器人,为了适应环境的变化,需要在该机器人上面安装环境感知装置,通过对环境感知装置的数据读取来认识环境的变化,根据环境的变化做出相应的处理动作。第三代机器人是智能机器人,因为它被智能化,所以可以像人一样,自己发现问题并解决问题。

机器人技术及其产品发展很快,已成为柔性制造系统(Flexible Manufactare System, FMS)、自动化工厂(Factory Automation,FA)、计算机集成制造系统(Computer Integrated Manufacturing System,CIMS)的自动化工具。采用机器人,不仅可提高产品的质量与产量,而且对保障人身安全,改善劳动环境,减轻劳动强度,提高劳动生产率,节约原材料消耗以及降低生产成本,有着十分重要的意义。与计算机、网络技术一样,机器人的广泛应用正在日益改变着人类的生产和生活方式,现在的机器人已经被广泛应用在传统的机械加工及制造领域,在工业生产中,弧焊机器人、点焊机器人、分拣机器人、装配机器人、喷涂机器人及搬运机器人等机器人都已被大量采用。对于一些新兴的医疗、电子、食品工业领域也有大量的机器人被投入使用,在不久的将来机器人会出现在更多的应用领域。

机器人实用功能和智能程度在很大程度上取决于机器人的编程能力。机器人编程有在线编程（On-Line Programming）和离线编程（Off-Line Programming）两种形式。在机器人所要完成的作业不很复杂，以及示教时间相对工作时间比较短的情况下，在线示教编程是一种切实可行的方式。随着企业对柔性加工要求的提高和计算机的发展，出现了机器人离线编程技术。机器人离线编程系统利用计算机图形学的成果，建立机器人及其工作环境的模型，再利用一些规划算法，通过对图形的控制和操作，在不使用实际机器人的情况下进行轨迹规划，进而产生机器人程序。

1.2　机器人的安全注意事项

安全在生产中是最重要的，无论是自身的安全，还是他人及设备的安全都很重要，所以机器人的安全注意事项须放在首位。机器人与其他机械设备的要求通常不同，如它的大运动范围、快速操作、手臂的快速运动等，这些都会造成安全隐患。整个机器人在最大运动范围内均存在潜在的危险性。为机器人工作的所有人员（安全管理员、安装人员、操作人员和维修人员）必须时刻树立安全第一的思想，以确保所有人员的安全。下面是关于机器人安全方面的图标表示，这些图标代表不同的含义。

图 1.1 表示危险，如果不依照说明操作，就会发生事故，并导致严重或致命的人员伤害或严重的产品损坏。它适用诸如接触高压电气装置、爆炸或火灾、有毒气体风险、压轧风险、撞击和从高处跌落等危险。

图 1.2 表示警告，如果不依照说明操作，可能会发生事故，该事故可造成严重的伤害（可能致命）或重大的产品损坏。它同样适用诸如接触高压电气装置、爆炸或火灾、有毒气体风险、压轧风险、撞击和从高处跌落等危险。

图 1.1　危险标识

图 1.2　警告标识

图 1.3 表示电击，针对可能会导致严重的人员伤害或死亡的电气危险的警告。

图 1.4 表示小心，如果不依照说明操作，可能会发生会造成伤害或产品损坏的事故。它适用于包括烧伤、眼睛伤害、皮肤伤害、听觉损害、压轧或打滑、跌倒、撞击和从高处跌落等风险的警告。此外，安装和卸除有损坏产品或导致故障的风险的设备时，它还适用于包括功能需求的警告。

图 1.5 表示静电放电，针对可能会导致严重产品损坏的电气危险的警告。

图 1.6 表示注意，描述重要的事实和条件。

图 1.7 表示提示，描述从何处查找附加信息或者如何以更简单的方式进行操作。

图 1.3 电击标识

图 1.4 小心标识

图 1.5 静电放电标识

图 1.6 注意标识

图 1.7 提示标识

1.2.1 机器人操作前的注意事项

机器人操作前的注意事项如下。

* 机器人的安装区域内禁止进行任何危险的操作。
* 采取严格的安全预防措施,在实验室的相关区域内应安放如"易燃""高压""止步"或"闲人免进"等相应警示牌。忽视这些警示可能会引起火灾、电击或由于任意触动机器人和其他设备而造成的伤害。
* 穿着工作服(不穿宽松的衣服);操作机器人时不许戴手套,内衣、衬衫和领带不要从工作服内露出;不佩戴大的首饰,如耳环、戒指等。
* 未经许可的人员不得接近机器人和其外围的辅助设备。任意触动机器人及其外围设备,将会有造成伤害的危险。
* 不遵守上述提示可能会由于触动机器人系统控制柜、工件、定位装置等而造成伤害;绝不可以强制扳动机器人的轴,否则可能造成人身伤害和设备损坏。
* 绝不可以倚靠在机器人或其控制柜上,不要随意按动操作键,否则可能会造成机器人产生不可预料的动作,从而造成人身伤害和设备损坏。

1.2.2 机器人操作时的注意事项

在操作期间,绝不允许非工作人员触动机器人。

在机器人动作范围内示教时,要遵循以下事项:

（1）保持从正面观看机器人。

① 遵守操作步骤；

② 考虑机器人突然向自己所处方位运动时的应变方案；

③ 确保设置躲避场所，以防万一；

④ 示教器用完后必须放回原处。

（2）进行以下作业时，请确认机器人的动作范围内没人，并且操作者处于安全位置操作。

① 接通电源时；

② 用示教编程器操作机器人时；

③ 试运行时；

④ 自动再现时。

（3）不慎进入机器人动作范围内或与机器人发生接触，都有可能引发人身伤害事故。另外，发生异常时，请立即按下急停键。急停键位于示教编程器的右侧。

1.2.3 急停键的使用

操作机器人前，按下示教编程器上的急停键，并确认伺服电源被切断。伺服电源切断后，示教编程器上的伺服接通灯熄灭。紧急情况下，若不能及时制动机器人，则可能引发人身伤害或设备损坏事故。解除急停后再接通伺服电源时，要解除造成急停的事故后再接通伺服电源，急停按键如图 1.8 所示。

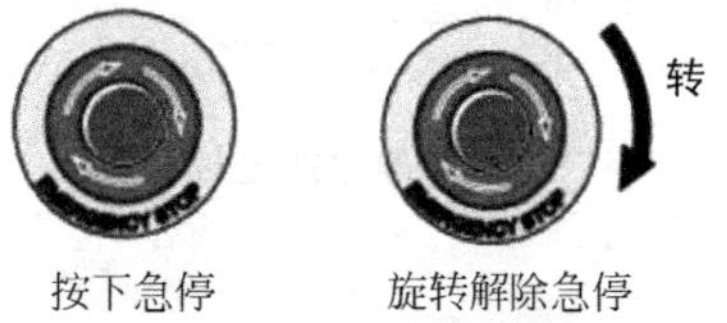

按下急停　　旋转解除急停

图 1.8　急停按钮的用法

1.3 机器人的安装与连接

机器人的动作是由机器人控制器控制其完成的，控制器包含移动和控制机器人的所有必要功能，这里以 ABB 公司的 IRC5-C 控制器控制 IRB120 机器人加以说明。IRC5-C 控制器可以包含单个机柜或分为两个独立的模块：控制模块和驱动模块，在单个机柜中，控制和驱动模块集成于一个模块中。控制模块包含所有的电子控制装置，例如主机、I/O 电路板和闪存。驱动模块包含所有为机器人电机供电的电源设备。IRC5-C 驱动模块可包含多个驱动单元，它能处理 6 根外轴和 2 根附加轴，具体取决于机器人的型号。一般一个控制器控制一个机器人，有时为了节约成本，也可以使用一个控制器运行多个机器人，只需使用一个控制模块，但必须为每个附加机器人添加额外的驱动模块，IRC5-C 控制器外观如图 1.9 所示。

图 1.9　IRC5 控制器

一般机器人控制器与机器人等外部部件有多种接口和一些控制按钮，如图 1.10 所示。

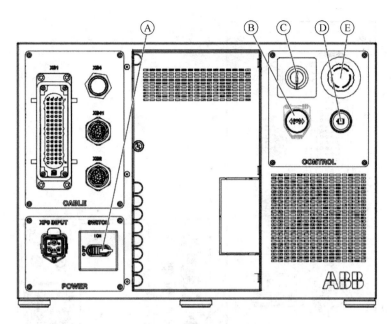

图 1.10 IRC5-C 控制器面板

不同的接口有不同的功能,如图 1.11 所示。下面对不同的接口逐项加以说明:

- A 主电源开关。
- B 用于 IRB 120 的制动闸释放按钮(位于盖子下)。由于机器人带有一个制动闸释放按钮,因此与其他机器人配套使用的 IRC5 Compact 无制动闸释放按钮,只有一个堵塞器。
- C 模式开关。
- D 电机开启。
- E 紧急停止。

1. 机器人的安装环境要求

操作期间其环境温度应为 0～45℃(32～113℉);搬运及维修期间应为 −10～60℃(14～140℉);湿度必须低于结露点(相对湿度 10% 以下);灰尘、粉尘、油烟、水较少的场所;作业区内不允许有易燃品及腐蚀性液体和气体;对 IRB120 的振动或冲击能量小的场所(振动在 0.5G 以下);附近应无大的电器噪声源(如气体保护焊(TIG)设备等);没有与移动设备(如叉车)碰撞的潜在危险。

2. 机器人的安装位置要求

选择一个区域安装机器人,并确保此区域足够大,以保证装有工具的机器人转动时不会碰到墙壁、安全围栏或控制柜,并且确认有足够大的空间来维修机器人、控制柜和其他外围设备。机器人工作范围如图 1.12 所示。

3. 确定方位并固定机器人

确定机器人的方位并将其固定到基座或底板上,以便安全运行机器人,相关参数如图 1.13 所示。

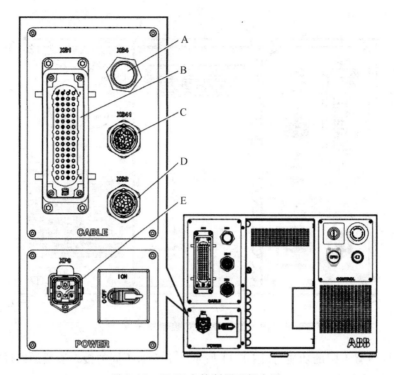

图 1.11　IRC5 主控制器面板全图

A—XS.4 FlexPendant 连接；B—XS.1 机器人供电连接；C—XS.41 附加轴 SMB 连接；

D—XS.2 机器人 SMB 连接；E—XP.0 主电路连接

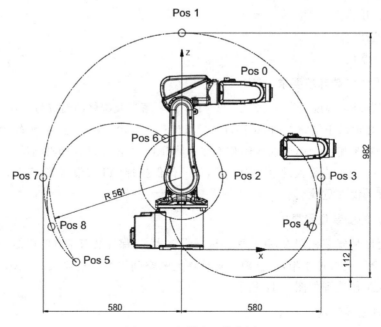

图 1.12　机器人工作范围

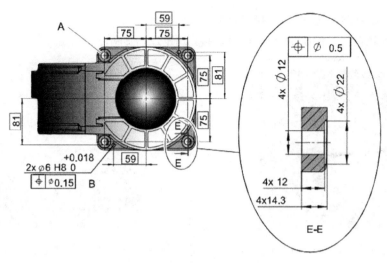

图 1.13 机器人固定参数

机器人本体应与控制柜进行连接,机器人本体与控制柜之间的连接主要是电动机动力电缆与转数计数器电缆的连接。转数计数器电缆连接到机器人本体底座接口 R1. SMB,如图 1.14 所示。

转数计数器电缆连接到控制柜接口 XS2,如图 1.15 所示。

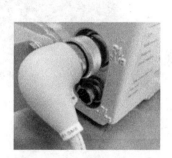

图 1.14 转数计数器电缆与机器人连接示意图

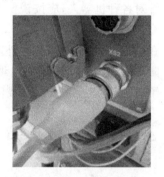

图 1.15 转数计数器电缆与控制柜连接示意图

电动机动力电缆连接到机器人本体接口,如图 1.16 所示。

电动机动力电缆连接到控制柜 SX0 接口,如图 1.17 所示。

图 1.16 电动机动力电缆与机器人连接示意图

图 1.17 电动机动力电缆与控制柜连接

主电源电缆连接到电源 XP0 接口,如图 1.18 所示。

机器人示教器与控制柜的 XS4 接口连接,如图 1.19 所示。

图 1.18　主电源电缆连接示意图

图 1.19　机器人示教器连接示意图

在检查主电源输入正常后,合上控制柜上的主电源开关开始进行调试工作,如图 1.20 所示。

图 1.20　主电源开关

4. 注意事项

- 接地工程要遵守电气设备标准及内线规章制度;
- 针对各种机器人,应按说明书中规定的螺栓大小及类型来安装机器人;
- 在进行机器人与控制柜、外围设备间的配线时须采取防护措施,如将管、线或电缆从坑内穿过或加保护盖予以遮盖,以免被人踩坏或因其他原因而损坏。

1.4　机器人的维护

1. 机械手保养注意事项

(1) 切勿在机械手臂上加装重物。

(2) 施加油品的方式及施加周期要正确,并注意油的气味及油中是否含有金属粒;加油时加油孔和出油孔不能混淆,加油后运转半小时,使其充分润滑后密封。

(3) 示教时切记减少摩擦或碰撞。

(4) 正确使用速度,切勿从头到尾都是示教极速。

(5) 平常检查是否有油品渗漏现象或油塞损坏情况。

(6) 检查是否有齿隙以及噪声出现,尤其是高湿度环境或潮湿地段。

(7) 定期检查底座螺栓及其他螺钉。

2. 控制箱保养注意事项

(1) 检查散热以及通风是否良好,风扇是否正常运转。

(2) 定期进行粉尘清洁。

(3) 内部电源接头、主电源接头以及地线是否牢固。

（4）切记勿在机器人上放置手工焊接的搭线，此举可能会把机器人的电动机编码器烧毁或引发其他故障。

（5）把不需要的孔位盖住，以防动物进入咬断电缆。

3．机器人日常保养注意事项

（1）检查机器人电缆线、示教编程器、操作面板及周边设备是否有损坏现象。

（2）要确保控制箱门在任何情况下都处于完好关闭状态，即使在控制箱不工作时。

（3）打开控制箱时，检查门的边缘密封垫有无破损。

（4）检查控制箱内部是否有异常污垢。如有，查明原因后尽早清除。

（5）在控制箱门关好的状态下，检查有无缝隙。

（6）平时运行中注意机器人有无异常声音和其他不正常的现象。

（7）在机器人动作前，确认在伺服电动机接通后能否用急停键将其断开。

（8）保持机器人和控制箱周围清洁。

（9）正确开机、关机。

（10）本体和控制箱内的锂电池如低于2.8V就必须更换，注意更换电池时必须在控制箱和本体断电的状态下进行。

第2章

机器人的基本操作

2.1 机器人的开启与关闭

机器人与其他机械设备的要求通常不同,它具有的大的运动范围、快速的操作、手臂的快速运动等都会造成安全隐患,所以要严格按照操作顺序和要求来执行机器人的开启与关闭。

1. 开机前的准备

(1) 检查电源电压是否稳定。

(2) 检查控制箱前门是否关好。

(3) 检查控制柜主电源开关是否处于 OFF 状态。

(4) 检查示教器的急停开关是否处在关闭的状态。

2. 电源的接通和切断

(1) 主电源的接通,将主电源开关拨到 ON 位,如图 2.1 所示。

(2) 接通电源后,示教器界面发生变化,如图 2.2~图 2.4 所示。

图 2.1　主电源

图 2.2　示教器界面 1

图 2.3 示教器界面 2

图 2.4 示教器界面 3

（3）电源的切断。首先需要在示教器中进行电源的关闭，单击示教器左上角的下拉菜单，如图 2.5 所示。

图 2.5 下拉菜单

选择"重新启动"选项进入重新启动界面，如图 2.6 所示。

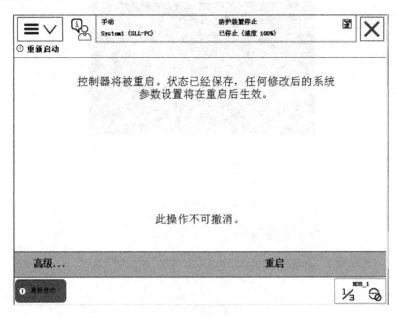

图 2.6　重新启动界面

选择"高级"选项并选择"关闭主计算机"命令，如图 2.7 所示。

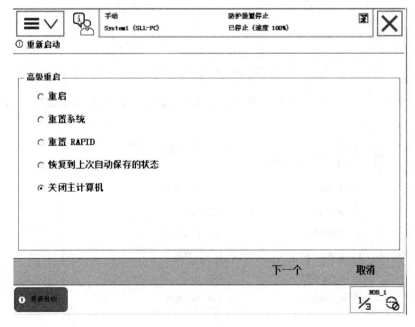

图 2.7　选择"关闭主计算机"

单击"下一个"按钮关闭主计算机。当示教器显示 Controller has shut down 时，将控制器上的主电源开关拨到 OFF 位即可完成电源的切断，如图 2.8 所示。

图 2.8 主电源开关拨至 OFF

2.2 机器人示教器的认知

示教器(FlexPendant)是一种操作员手持式装置,用于执行与操作机器人系统有关的多种任务:运行程序,微动控制操纵器,修改机器人程序等。示教器可在恶劣的工业环境下持续运作。其触摸屏易于清洁,且防水、防油、防溅锡。示教器由硬件和软件组成,本身就是一台完整的计算机,是控制器的一部分。图 2.9 是 IRC5 控制器的示教器,通过集成线缆和接头连接到控制器。

控制杆的作用是使用控制杆移动操纵器,它称为微动控制机器人,控制杆移动操纵器的设置有几种方式。将 USB 存储器连接到 USB 端口以读取或保存文件,USB 存储器在对话和示教器浏览器中显示为驱动器/USB;可移动的。触摸笔随示教器提供,放在示教器的后面,拉小手柄可以松开触摸笔。使用示教器时用触摸笔触摸屏幕,不要使用螺丝刀或者其他尖锐的物品。重置按钮会重置示教器,而不是重置控制器上的系统。

示教器上有专用的硬件按钮,可以将自己的功能指定给其中 4 个按钮,如图 2.10 所示。

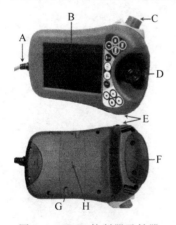

图 2.9 IRC5 控制器示教器
A—连接器;B—触摸屏;
C—紧急停止按钮;D—控制杆;
E—USB 端口;F—使动装置;
G—触摸笔;H—重置按钮

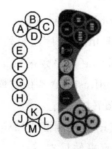

图 2.10 示教器硬件按钮
A~D—预设按键;E—选择机械单元;F—切换运动模式,
重定向或线性;G—切换运动模式,轴 1~3 或轴 4~6;
H—切换增量;J—步退按钮(StepBACKWARD),
按下此按钮,可使程序后退至上一条指令;
K—启动按钮(START),开始执行程序;
L—步进按钮(StepFORWARD),按下此按钮,
可使程序前进至下一条指令;
M—停止按钮(STOP),停止程序执行

了解了示教器的构造后，如何去拿示教器呢？操作时通常会手持该设备，惯用右手者用左手持设备，右手在触摸屏上执行操作，而惯用左手者可以轻松通过将显示器旋转180°，使用右手持设备，如图2.11所示。

图2.12显示了示教器触摸屏显示的各种重要控件，以及控件名称。

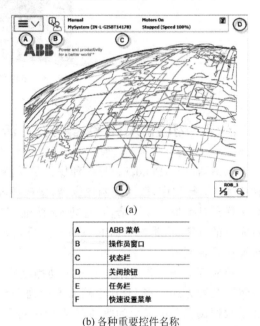

(a)

A	ABB 菜单
B	操作员窗口
C	状态栏
D	关闭按钮
E	任务栏
F	快速设置菜单

(b) 各种重要控件名称

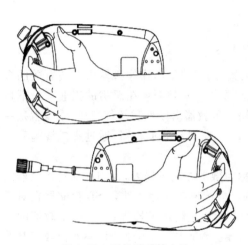

图2.11　示教器手持方法　　　　图2.12　各种重要控件图示与控件名称

可以从ABB菜单中选择以下项目：

- HotEdit；
- 输入和输出；
- 微动控制；
- ProductionWindow（运行时窗口）；
- ProgramEditor（程序编辑器）；
- ProgramData（程序数据）；
- BackupandRestore（备份与恢复）；
- Calibration（校准）；
- ControlPanel（控制面板）；
- EventLog（事件日志）；
- FlexPendantExplorer（FlexPendant资源管理器）；
- 系统信息。

操作员窗口显示来自机器人程序的消息。程序需要操作员做出某种响应以便继续时一般会出现此情况。

状态栏显示与系统状态有关的重要信息，如操作模式、电机开启/关闭、程序状态等。

单击关闭按钮将关闭当前打开的视图或应用程序。

透过 ABB 菜单,用户可以打开多个视图,但一次只能操作一个,任务栏显示所有打开的视图,并可用于视图切换。

快速设置菜单包含对微动控制和程序执行进行的设置。

2.3　设定示教器的显示语言

示教器出厂时,默认的显示语言是英语,为了方便操作,下面介绍把显示语言设定为中文的操作步骤。

(1) 单击 ABB 按钮,选择 Control Panel 命令,如图 2.13 所示。

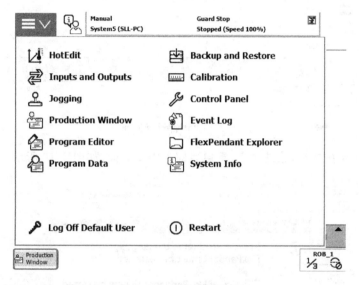

图 2.13　英文控制面板

(2) 选择 Language,如图 2.14 所示。

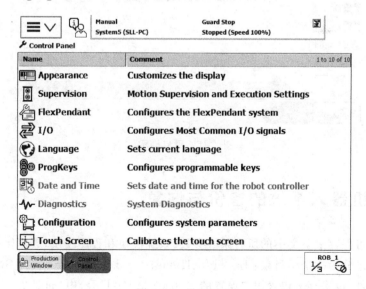

图 2.14　设置界面

（3）选择 Chinese，单击 OK 按钮，如图 2.15 所示。

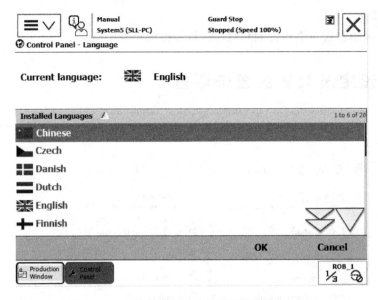

图 2.15　语言设置界面

（4）单击 Yes 按钮后，系统重启，重启后即为中文界面，如图 2.16 所示。

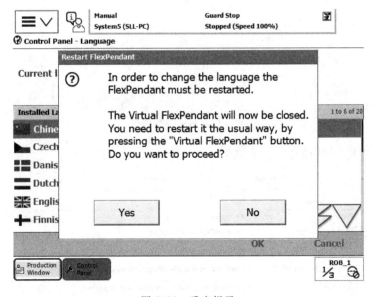

图 2.16　重启提示

2.4　机器人系统的备份与恢复

备份功能可保存上下文中的所有系统参数、系统模块和程序模块，数据保存于用户指定的目录中。目录分为 4 个子目录：Backinfo、Home、Rapid 和 Syspar。文件 System. xml（系统结构信息文件）也保存于包含用户设置的 ../backup（根目录）中，如图 2.17 所示。

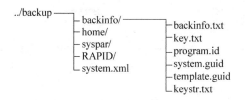

图 2.17　目录结构

backinfo. txt 在系统还原时使用,该文件用户不要编辑。文件 key. txt 和 program. id 可由 RobotStudio 用于重新创建系统,该系统将包含与备份系统中相同的选项。system. guid 用于识别提取备份的独一无二的系统。system. guid 和 template. guid 用于在恢复过程中检查备份是否加载到正确的系统。Home 是 HOME 目录中文件的副本。Syspar 包含配置文件(系统参数)。Rapid 包含每个配置任务的子目录,每个任务有一个程序模块目录和一个系统模块目录,模块目录将保留所有安装模块。

建议在以下阶段执行备份:安装新 RobotWare 之前。对指令或参数进行任何重要更改以使其可恢复为先前设置之前。对指令或参数进行任何重要更改并为成功进行新的设置而对新设置进行测试之后。

(1)单击 ABB 按钮,选择【备份与恢复】,如图 2.18 所示。

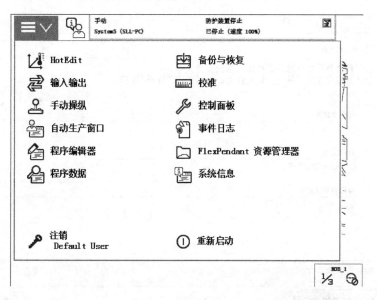

图 2.18　中文控制面板

(2)单击【备份当前系统】按钮,如图 2.19 所示。

(3)单击 ABC 按钮,进行存放备份数据目录名称的设定;单击【…】按钮,选择备份存放的位置(USB 存储设备),如图 2.20 所示。

(4)单击【备份】按钮,等待备份的完成。

建议在以下阶段执行还原:如果怀疑程序文件已损坏,对指令或参数设置所做的任何更改并不理想,且打算恢复为先前的设置。在恢复过程中,所有系统参数都会被取代,同时还会加载备份目录中的所有模块。Home 目录将在热启动过程中复制到新系统的 HOME

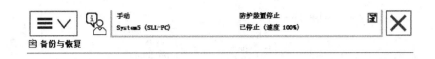

备份当前系统... 恢复系统...

图 2.19 备份界面

备份当前系统

所有模块和系统参数均将存储于备份文件夹中。
选择其他文件夹或接受默认文件夹。然后单击"备份"按钮。

备份文件夹：

IRB120   ABC...

备份路径：

G:/abb/BACKUP/   ...

备份将被创建在：

G:/abb/BACKUP/IRB120/

备份   取消

图 2.20 备份目录选择

目录。

其步骤基本与备份步骤相同：

① 通过 ABB 执行恢复。恢复执行后，系统自动热启动。单击"备份与恢复"，然后选择目录。

② 单击"恢复系统"。恢复执行后，系统自动热启动。屏幕显示选定路径。如果已定义默认路径，就会显示该默认路径。

③ 所显示备份文件夹是否正确？如果"是"：单击"恢复"按钮执行恢复。恢复执行后，系统自动热启动。如果"否"：单击备份文件夹右侧的"…"按钮，然后选择目录。再单击"恢复"按钮。恢复执行后，系统自动热启动。

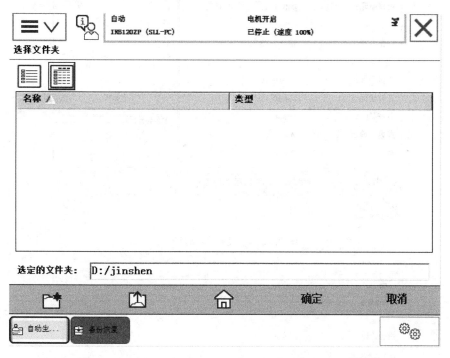

图 2.21　恢复界面

2.5　机器人的手动操纵

手动操纵机器人运动一共有三种模式：单轴运动、线性运动和重定位运动。

1. 单轴运动

一般地，ABB 机器人是由 6 个伺服电动机分别驱动机器人的 6 个关节轴，那么每次手动操纵一个关节轴的运动，就称之为单轴运动。将控制柜上的机器人状态钥匙切换到中间的手动限速状态。

（1）单击 ABB 按钮，选择【手动操纵】，如图 2.18 所示。

（2）单击【动作模式】，如图 2.22 所示。

（3）选中【轴 1-3】，然后单击【确定】按钮，如图 2.23 所示。

（4）按下示教器的使能按钮，进入电动机启动状态。这时摇动操纵杆即可使机器人进行单轴运动。需注意的是，操纵杆的幅度与机器人的运动速度相关，操纵幅度越小，机器人运动速度越慢；操纵幅度越大，机器人运动速度越快。因此初学者在使用示教器时，应小幅度摇动操纵杆。

2. 线性运动

机器人的线性运动是指安装在机器人第六轴法兰盘上工具的 TCP 在空间中作线性运

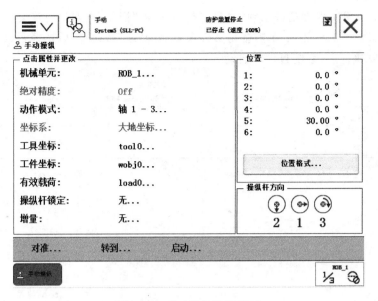

图 2.22　手动操作设置界面

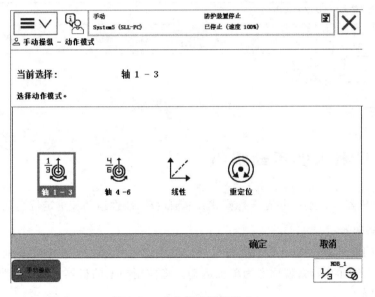

图 2.23　动作模式设置轴 1-3

动。线性运动应用于对路径要求较高的场合。操作步骤前几步同单轴运动,只需在动作模式中,选择【线性】即可,如图 2.24 所示。

3. 重定位运动

机器人的重定位运动是指机器人第六轴法兰盘上的工具 TCP 点在空间中绕着坐标轴旋转的运动。使用重定位运动也可检验 TCP 设定是否精确。操作步骤前几步同单轴运动,只需在动作模式中,选择【重定位】即可,如图 2.25 所示。

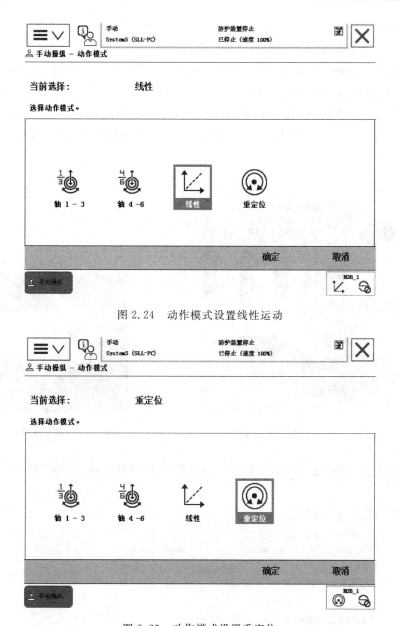

图 2.24 动作模式设置线性运动

图 2.25 动作模式设置重定位

2.6 机器人转数计数器的更新

ABB 机器人转数计数器更新也叫"六轴原点校正",机器人 6 个关节轴都有一个机械原点的位置。在以下情况时,需要对机械原点的位置进行转数计数器更新操作:

(1)更换伺服电动机转数计数器电池后;

(2)当转数计数器发生故障,修复后;

(3)转数计数器与测量板之间断开过以后;

(4)断电后,机器人关节轴发生了移动;

（5）当系统报警提示"10036 转数计数器未更新"时。

机器人转数计数器更新的操作步骤如下：

（1）机器人 6 个关节轴的机械原点刻度位置如图 2.26 所示，使用手动操纵让机器人各关节轴运动到机械原点刻度位置的顺序是 4-5-6-1-2-3。

（2）在手动操纵菜单中，先选择"轴 4-6"动作模式，将关节轴 4-5-6 运动到机械原点的刻度位置。然后选择"轴 1-3"动作模式，将关节轴 1-2-3 运动到机械原点的刻度位置，如图 2.27 所示。

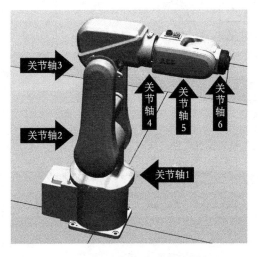

图 2.26　原点刻度位置各轴顺序　　　　　　图 2.27　原点刻度位置

（3）机器人关节轴复位后，由示教器进行转数计数器的更新。单击"校准"，如图 2.18 所示。

（4）单击"ROB_1"，如图 2.28 所示。

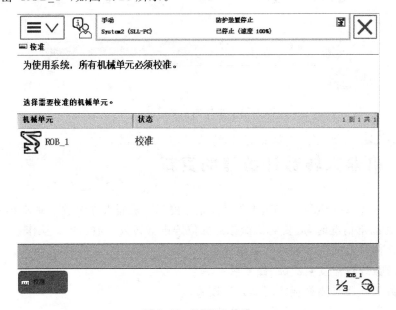

图 2.28　ROB_1 校准

（5）选择"校准参数"→"编辑电机校准偏移"，如图 2.29 所示。

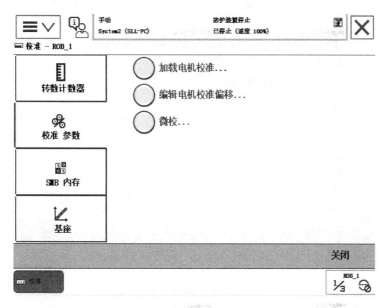

图 2.29 校准参数

（6）将机器人本体上电动机校准偏移量写入示教器中并单击"确定"按钮，如图 2.30 和图 2.31 所示。

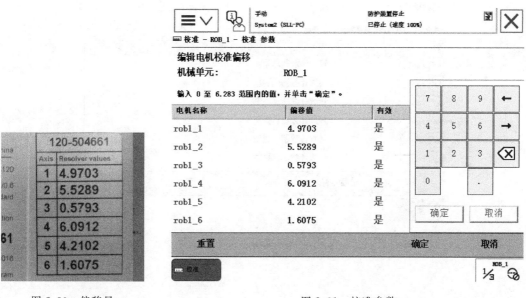

图 2.30 偏移量　　　　　　　　　　　　　　　图 2.31 校准参数

（7）重启控制器后，再次选择"校准"，单击"ROB_1"，选择转数计数器，并单击"更新转数计数器"，如图 2.32 所示。

（8）单击"全选"→"更新"，等待几分钟后，转数计数器更新完成，如图 2.33 所示。

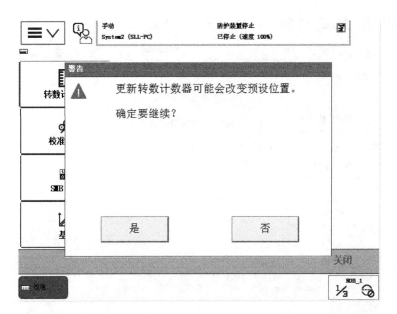

图 2.32　确认警告

图 2.33　更新完成界面

第3章

工业机器人的I/O通信

3.1 机器人I/O通信的种类

本书以 ABB 机器人为例来介绍,ABB 机器人提供了丰富的 I/O 通信接口,可以轻松地实现与周边设备进行通信(见表 3.1),其中 RS232 通信、OPC server、Socket Message 是与 PC 通信时的通信协议,PC 通信接口需要在购买 ABB 机器人时选择 PC-Interface 接口才可以使用;DeviceNet、Profibus、Profinet、EtherNet IP 则是不同厂商推出的现场总线协议,使用哪种现场总线,根据现场需要进行选配;如果使用 ABB 标准的 I/O 板,就必须有 DeviceNet 的总线。

表 3.1　ABB 机器人通信方式

PC	现 场 总 线	ABB 标准
	DeviceNet	
RS232	Profibus	标准 I/O 板
OPC server	Profibus-DP	PLC
Socket Message	Profinet	…
	EtherNet IP	

ABB 标准 I/O 板提供的常用信号处理有数字输入 DI、数字输出 DO、模拟输入 AI、模拟输出 AO 以及输送链跟踪。I/O 信号就是输入(IN)/输出(OUT)信号,比如机器人拿起传送带上的亚克力块时,发出一个信号,使上料机推出下一个亚克力块,这个信号就是一个输出信号。数字量 I/O 信号只有 0 和 1 两种状态,即"有"和"没有"两种,没有大小之分。数字量输入为 di,数字量输出为 do。

常用的标准 I/O 板有 DSQC651 和 DSQC652。本书以 ABB 标准 I/O 板 DSQC652 为

例详细讲解如何进行相关的参数设定。

3.2　ABB 标准I/O 板 DSQC652

DSQC652 板主要提供 16 个数字输入信号和 16 个数字输出信号的处理。在 ABB 紧凑柜中引出的接口如图 3.1 所示。

图 3.1　I/O 板接口

如图 3.1 所示,其中 XS12 和 XS13 为数字输入接口,XS14 和 XS15 为数字输出接口,具体接口及地址分配见表 3.2～表 3.5。

表 3.2　XS12 端口定义

XS12 端子编号	使 用 定 义	地址分配
1	INPUT CH1	0
2	INPUT CH2	1
3	INPUT CH3	2
4	INPUT CH4	3
5	INPUT CH5	4
6	INPUT CH6	5
7	INPUT CH7	6
8	INPUT CH8	7
9	0V	

表 3.3　XS13 端口定义

XS13 端子编号	使 用 定 义	地址分配
1	INPUT CH9	8
2	INPUT CH10	9
4	INPUT CH12	11
5	INPUT CH13	12
6	INPUT CH14	13
7	INPUT CH15	14
8	INPUT CH16	15
9	0V	

表 3.4 XS14 端口定义

XS14 端子编号	使 用 定 义	地址分配
1	OUTPUT CH1	0
2	OUTPUT CH2	1
3	OUTPUT CH3	2
4	OUTPUT CH4	3
5	OUTPUT CH5	4
6	OUTPUT CH6	5
7	OUTPUT CH7	6
8	OUTPUT CH8	7
9	0V	
10	24V	

表 3.5 XS15 端口定义

XS15 端子编号	使 用 定 义	地址分配
1	OUTPUT CH9	8
2	OUTPUT CH10	9
3	OUTPUT CH11	10
4	OUTPUT CH12	11
5	OUTPUT CH13	12
6	OUTPUT CH14	13
7	OUTPUT CH15	14
8	OUTPUT CH16	15
9	0V	
10	24V	

XS16 为电源接口,1、3 为 24V,2、4 为 0V。

3.3 定义 DSQC652 板的总线连接

ABB 标准 I/O 板都是下挂在 DeviceNet 现场总线下的设备。定义 DSQC652 板总线连接的相关参数说明见表 3.6。

表 3.6 DSQC652 板的总线连接相关参数

参数名称	设定值	说 明
Name	d652	设定 I/O 板在系统中的名字
Network	Devicenet	设定 I/O 板连接的总线
Address	10	设定 I/O 板在总线中的地址

其总线连接操作步骤如下:

(1) 进入 ABB 主菜单,在示教器操作界面中选择【控制面板】,如图 3.2 所示。

(2) 单击【配置】,如图 3.3 所示。

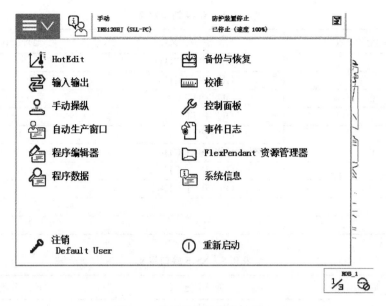

图 3.2　总线连接的操作步骤 1

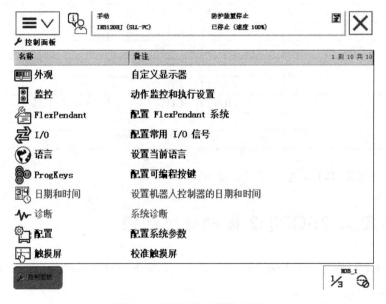

图 3.3　总线连接的操作步骤 2

（3）进入配置系统参数界面后，双击 DeviceNet Device，进行 DSQC652 模块的选择及其地址的配置，如图 3.4 所示。

（4）单击【添加】，然后进行编辑，如图 3.5 所示。

（5）在进行添加时可以选择模板中的值，单击右上方下拉箭头图标，就可选择使用的 I/O 板类型，这里选择 DSQC 652 24VDC I/O Device 板，如图 3.6 所示。

（6）选择后，其参数值会自动生成默认值，如图 3.7 所示。

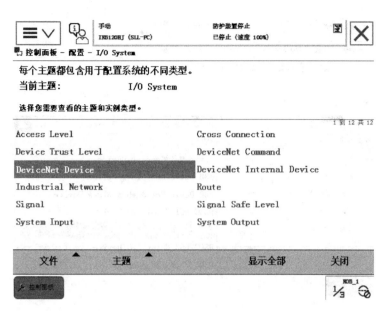

图 3.4　总线连接的操作步骤 3

图 3.5　总线连接的操作步骤 4

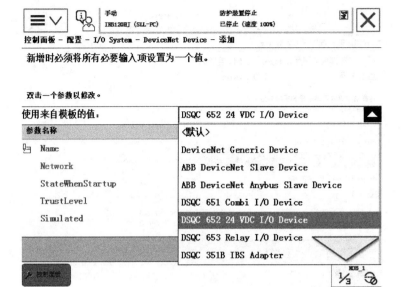

图 3.6　总线连接的操作步骤 5

图 3.7　总线连接的操作步骤 6

（7）设置后，单击【确定】按钮，弹出重新启动界面，单击【是】按钮，重新启动控制系统，确定更改。至此，DSQC652 板的总线连接设置完成，如图 3.8 所示。

图 3.8　总线连接的操作步骤 7

3.4　定义数字输入信号 di1

（1）单击【控制面板】→【配置】，如图 3.9 所示。

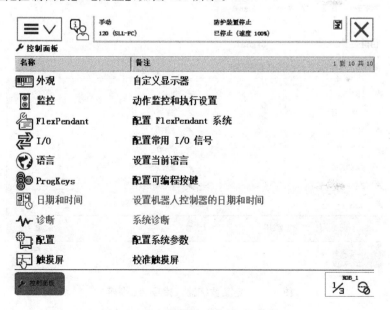

图 3.9　定义数字输入信号 di1 步骤 1

（2）双击 Signal，如图 3.10 所示。

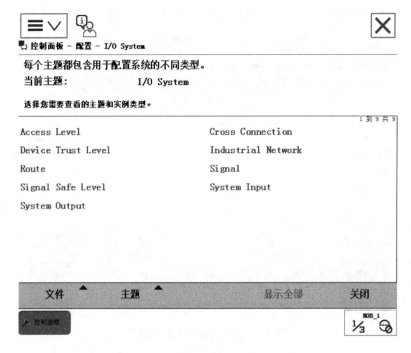

图 3.10　定义数字输入信号 di1 步骤 2

（3）单击【添加】，如图 3.11 所示。

图 3.11　定义数字输入信号 di1 步骤 3

（4）双击 Name，输入"di1"，然后单击"确定"按钮，如图 3.12 所示。

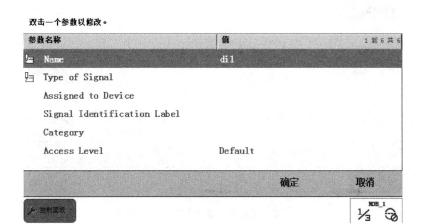

图 3.12　定义数字输入信号 di1 步骤 4

（5）双击 Type of Signal，选择 Digital Input，如图 3.13 所示。

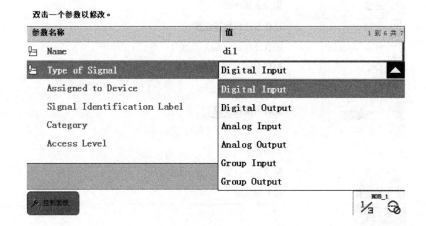

图 3.13　定义数字输入信号 di1 步骤 5

（6）单击【确定】按钮，单击【是】按钮，完成设定，如图 3.14 所示。

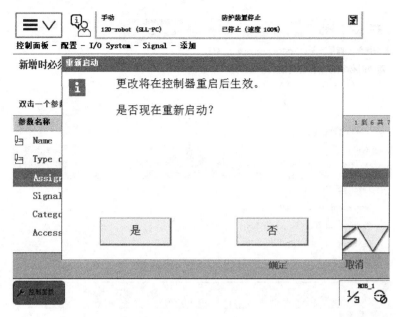

图 3.14　定义数字输入信号 di1 步骤 6

3.5　定义数字输出信号 do1

（1）单击【控制面板】→【配置】，如图 3.15 所示。

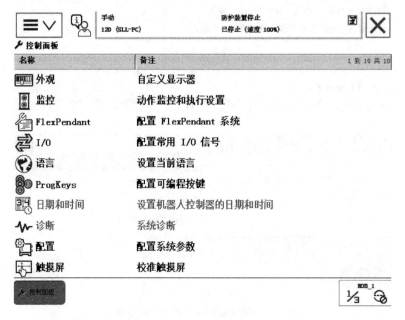

图 3.15　定义数字输出信号 do1 步骤 1

（2）双击 Signal，如图 3.16 所示。

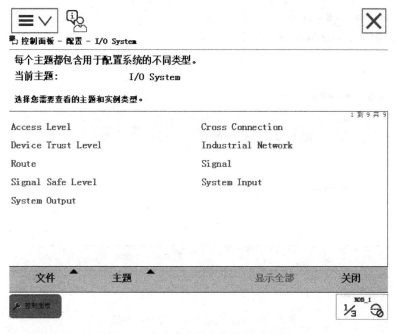

图 3.16　定义数字输出信号 do1 步骤 2

（3）单击【添加】，如图 3.17 所示。

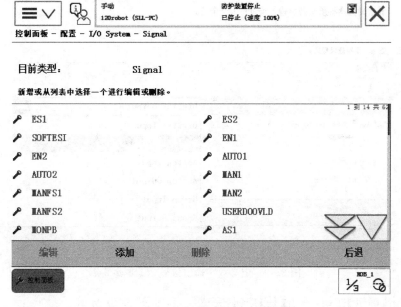

图 3.17　定义数字输出信号 do1 步骤 3

（4）双击 Name，输入"do1"，然后单击"确定"按钮，如图 3.18 所示。

（5）双击 Type of Signal，选择 Digital Output，如图 3.19 所示。

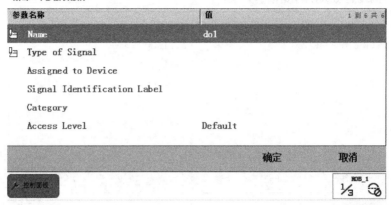

图 3.18　定义数字输出信号 do1 步骤 4

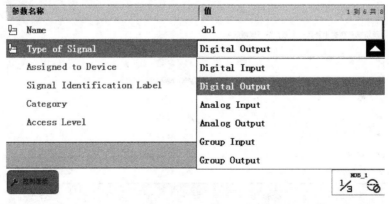

图 3.19　定义数字输出信号 do1 步骤 5

（6）单击【确定】按钮，单击【是】按钮，完成设定，如图 3.20 所示。

注意：在定义数字输入输出信号时，还要依据实际接线定义好 Type of Signal 设定信号的类型；Assigned to Unit 设定信号所在的 I/O 模块；Unit Mapping 设定信号所占用的地址。

图 3.20　定义数字输出信号 do1 步骤 6

3.6　I/O 信号的监控

（1）选择【输入输出】，如图 3.21 所示。

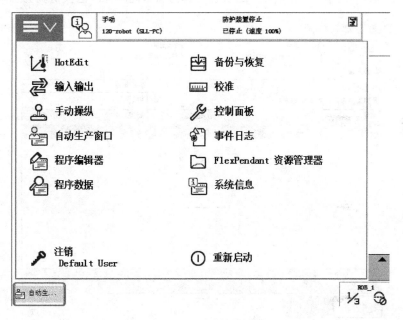

图 3.21　I/O 信号的监控 1

（2）打开【视图】菜单，选择全部信号，如图 3.22 所示。

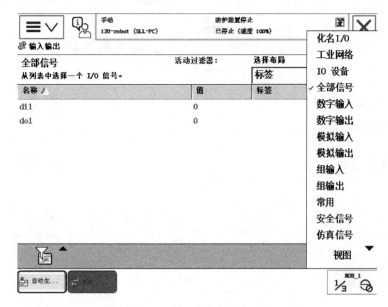

图 3.22　I/O 信号的监控 2

3.7　I/O 信号的强制仿真和强制操作

（1）选中 di1，然后单击【1】，将 di1 的状态仿真为"1"，此时，di1 已被仿真为"1"，如图 3.23 所示。

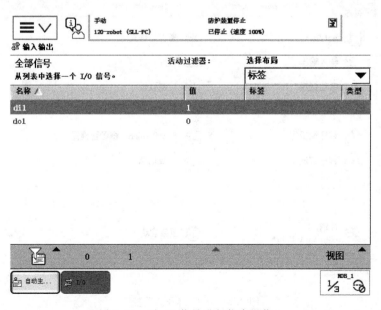

图 3.23　对 di1 信号进行仿真操作 1

（2）选中 do1，通过单击【0】和【1】，对 do1 的信号进行强制操作，如图 3.24 所示。

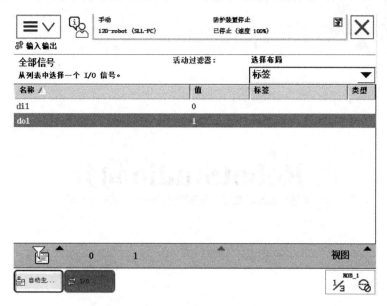

图 3.24　对 do1 信号进行强制操作 2

第4章

RobotStudio简介

4.1 RobotStudio 概述

RobotStudio 软件是 ABB 机器人公司的一款离线机器人编程与仿真工具,其支持机器人的整个生命周期,它使用图形化编程、编辑和调试机器人系统来创建机器人的运动,并模拟优化现有的机器人程序。它可供高等院校理工科学生学习机器人性能和应用的相关知识,也可供自动化工业机器人的机械设计师和程序员参考和使用。它还可用于远程维护和故障排除,把该机器人连接到实际系统并采取即时虚拟复制,可离线进一步研究当时的情况。

RobotStudio 具有以下基本功能:

1. CAD 导入

RobotStudio 可方便地导入各种主流 CAD 格式的数据,包括 IGES、STEP、VRML、VDAFS、ACIS 及 CATIA 等。机器人程序员可依据这些精确的数据编制精度更高的机器人程序,从而提高产品质量。

2. AutoPath

RobotStudio 中最能节省时间的功能之一,该功能通过使用待加工零件的 CAD 模型,仅在数分钟之内便可自动生成跟踪加工曲线所需要的机器人位置(路径),而这项任务以往通常需要数小时甚至数天。

3. 程序编辑器

程序编辑器(ProgramMaker)可生成机器人程序,使用户能够在 Windows 环境中离线开发或维护机器人程序,可显著缩短编程时间、改进程序结构。

4. 路径优化

如果程序包含接近奇异点的机器人动作，RobotStudio可自动检测出来并发出报警，从而防止机器人在实际运行中发生这种现象。仿真监视器是一种用于机器人运动优化的可视工具，红色线条显示可改进之处，以使机器人按照最有效方式运行。可以对 TCP 速度、加速度、奇异点或轴线等进行优化，缩短周期时间。

5. Autoreach

Autoreach 可自动进行可到达性分析，使用十分方便，用户可通过该功能任意移动机器人或工件，直到所有位置均可到达，在数分钟之内便可完成工作单元平面布置验证和优化。

6. 虚拟示教器

是实际示教器的图形显示，其核心技术是 VirtualRobot。从本质上讲，所有可以在实际示教器上进行的工作都可以在虚拟示教器上完成，因而是一种非常出色的教学和培训工具。

7. 事件表

一种用于验证程序的结构与逻辑的理想工具。程序执行期间，可通过该工具直接观察工作单元的 I/O 状态。可将 I/O 连接到仿真事件，实现工位内机器人及所有设备的仿真。该功能是一种十分理想的调试工具。

8. 碰撞检测

碰撞检测功能可避免设备碰撞造成的严重损失。选定检测对象后，RobotStudio 可自动监测并显示程序执行时这些对象是否会发生碰撞。

9. Visual Basic for Applications（VBA）

可采用 VBA 改进和扩充 RobotStudio 功能，根据用户具体需要开发功能强大的外接插件、宏，或定制用户界面。

10. PowerPac's

ABB 协同合作伙伴采用 VBA 进行了一系列基于 RobotStudio 的应用开发，使RobotStudio 能够更好地适用于弧焊、弯板机管理、点焊、CalibWare（绝对精度）、叶片研磨以及 BendWizard（弯板机管理）等应用。

11. 直接上传和下载

整个机器人程序无须任何转换便可直接下载到实际机器人系统。

RobotStudio 分为以下两种功能级别。

- 基本版：提供所选的 RobotStudio 功能，如配置、编程和运行虚拟控制器。还可以通过以太网对实际控制器进行编程、配置和监控等在线操作。
- 高级版：提供 RobotStudio 所有的离线编程功能和多机器人仿真功能。高级版中包含基本版中的所有功能，要使用高级版需进行激活。

4.2　RobotStudio 的下载、安装

最新版本的 RobotStudio 可免费从 ABB 公司的网站 www.robotstudio.com 下载，下载安装步骤如下：

（1）登录 www.robotstudio.com 页面，在页面左侧找到"下载"选项框，如图 4.1 所示。

图 4.1　ABB 公司网站

（2）单击"下载"选项框后进入如图 4.2 所示的界面，再单击"downloads RobotStudio&RobotWare6.04.4.01"链接即可下载得到一个"RobotStudio_6.04.4.01.zip"压缩包，如图 4.3 所示。

图 4.2　下载界面

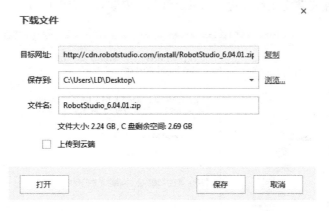

图 4.3 下载

（3）将"RobotStudio_6.04.4.01.zip"压缩包解压到任意盘符的根路径下，然后双击解压路径下 RobotStudio 目录下的"setup.exe"文件。运行该程序即可看到如图 4.4 所示的对话框。

图 4.4 所示对话框要求用户选择安装语言，选定所需语言后单击"确定"按钮。

图 4.4 选择安装语言

（4）选定语言后安装程序会对系统进行检查，如果系统缺少相关组件会提示安装，如图 4.5 所示。

图 4.5 安装缺少的组件

（5）缺少组件安装完成后即进入 RobotStudio 安装程序（图 4.6）。

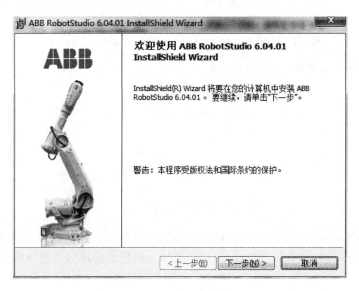

图 4.6　RobotStudio 安装程序

（6）单击"下一步"按钮进入许可证协议页面（图 4.7）。阅读协议后，如果不同意许可证协议，选择"我不接受该许可证协议中的条款"单选按钮，单击"下一步"按钮退出安装。

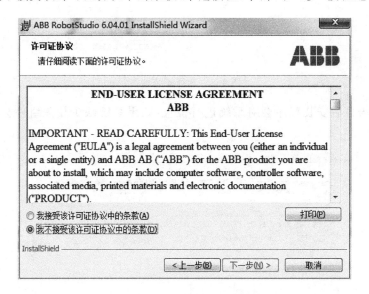

图 4.7　许可证协议页面

如果同意协议，选择"我接受该许可证协议中的条款"单选按钮，并单击"下一步"按钮进入"隐私声明"界面（图 4.8）。单击"接受"按钮。

（7）选择安装目录（图 4.9）。

（8）选择安装类型（图 4.10）。

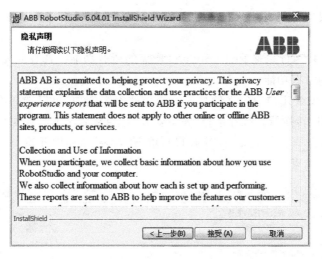

图 4.8　隐私声明界面

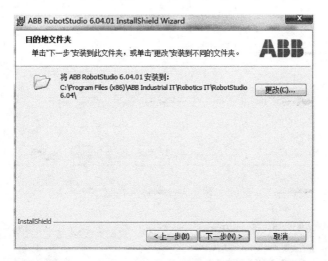

图 4.9　选择安装目录

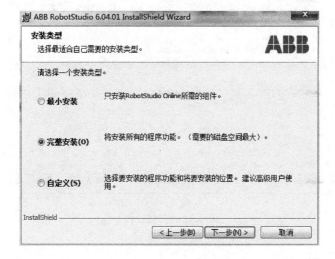

图 4.10　选择安装类型

最小安装：仅安装为了设置、配置和监控通过以太网相连的真实控制器而所需的功能。

完整安装：安装运行完整 RobotStudion 所需的所有功能。选择此安装选项，可以使用基本版和高级版的所有功能。

自定义安装：安装用户自定义的功能。选择此安装选项，可以选择不安装不需要的机器人库文件和 CAD 转换器。推荐选择"完整安装"避免日后添加组件的麻烦。

（9）全部选择完毕后再次确认（图 4.11），单击"安装"按钮即开始安装（图 4.12）。进度条滚动完成后安装结束。

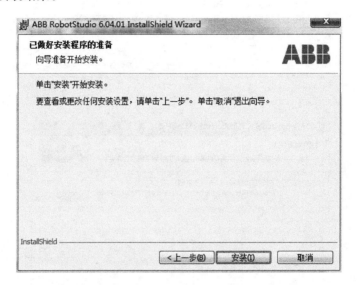

图 4.11 确认安装

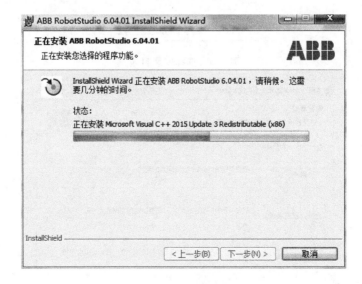

图 4.12 安装过程

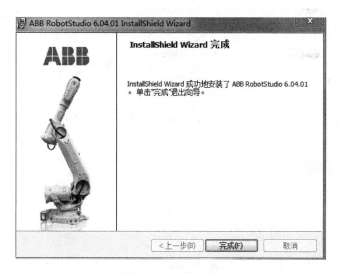

图 4.13 安装完成

4.3 RobotStudio 的界面介绍

进入 RobotStudio 后首先需要选择激活(图 4.14)。RobotStudio 提供 30 天的试用期，试用期内可以使用全部功能。试用期过后需要激活，否则离线编程功能和多机器人仿真功能会受到限制。

图 4.14 激活选项

选择激活类型后进入 RobotStudio 主界面，如图 4.15 所示。在主界面可以进行创建新工作站、创建新机器人系统、连接到控制器、将工作站另存为查看器等工作。

"基本"功能选项卡包含搭建工作站、创建系统、编程路径和摆放物体所需的控件，如图 4.16 所示。

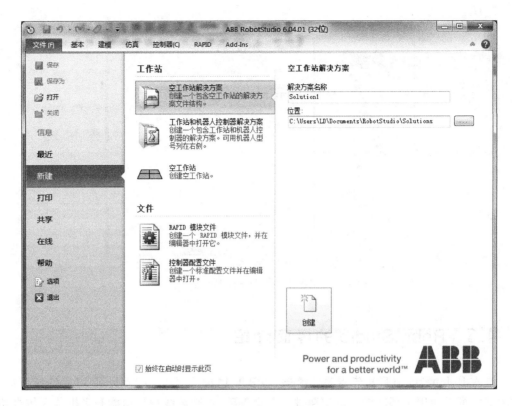

图 4.15　RobotStudio 主界面

图 4.16　"基本"功能选项卡

　　"建模"功能选项卡包含创建和分组工作站组件、创建实体、测量以及其他 CAD 操作所需的控件,如图 4.17 所示。

图 4.17　"建模"功能选项卡

　　"仿真"功能选项卡包含创建、控制、监控和记录仿真所需的控件,如图 4.18 所示。

　　"控制器"功能选项卡包含用于虚拟控制器(VC)的同步、配置和分配给它的任务控制措施,它还包含用于管理真实控制器的控制功能,如图 4.19 所示。

图 4.18 "仿真"功能选项卡

图 4.19 "控制器"功能选项卡

RAPID 功能选项卡包含 RAPID 编辑器的功能、RAPID 文件的管理以及用于 RAPID 编程的其他控件,如图 4.20 所示。

图 4.20 RAPID 功能选项卡

"Add-Ins"功能选项卡包含 PowerPaca 和 VSTA 的相关控件,如图 4.21 所示。

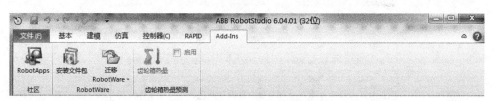

图 4.21 "Add-Ins"功能选项卡

4.4 创建机器人控制系统

要创建一个机器人控制系统,首先需要创建一个空白工作站。进入 RobotStudio 在"文件"选项卡中选择"新建"→"工作站"→"新建工作站"→"创建",如图 4.22 所示。

接着在"基本"选项卡中选择位于左上角的"ABB 模型库",这时会弹出一个包含所有 ABB 机器人型号的界面(图 4.23),在其中选择相应的型号(本书采用 IRB120)。

选择完成后会弹出一个对话框,要求我们进一步选择机器人型号,并且机器人图示会显示在对话框右侧,如图 4.24 所示。选择所需型号完毕后,单击"确定"按钮。这时一个机器人模型就创建完成了。

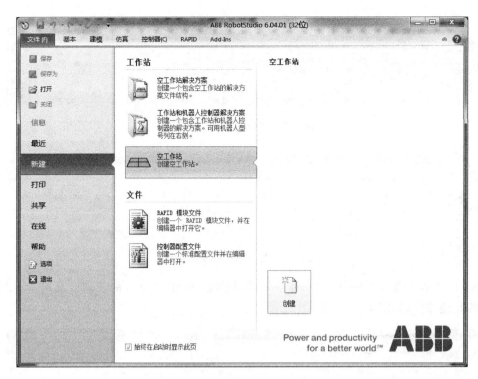

图 4.22 创建空白工作站

图 4.23 机器人型号列表

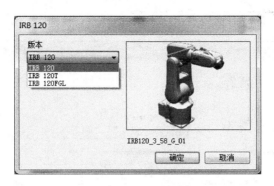

图 4.24　机器人版本

接下来我们需要为机器人模型制定一个相应的系统。在"基本"选项卡中单击"机器人系统",从下拉菜单中选择"从布局创建系统",如图 4.25 所示。

图 4.25　从布局创建系统

在弹出的对话框(图 4.26)中我们可以自定义系统名称、系统存放路径以及系统版本。选择完成后单击"下一步"按钮。选择要绑定的机械装置,单击"下一步"按钮。

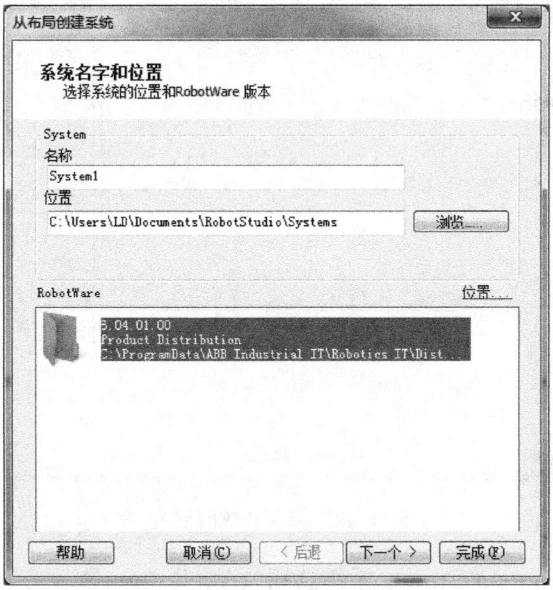

图 4.26　系统名称及安装位置

所有操作完成后会在对话框中显示所有系统参数(图 4.27)。

图 4.27　系统参数概要

此时,如果需要进一步对系统参数进行修改,则单击左上角的"选项"按钮。将弹出如图 4.28 所示的界面。

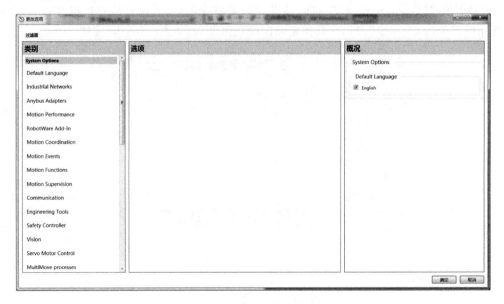

图 4.28　系统参数的修改

在这一界面中有 System Option(系统选项)、Application Arc 等 8 个大项。使用者可以在各个大项的分项中对机器人系统的默认语言、通信方式等详细参数进行配置。

例如在"系统选项"中的"默认语言"界面(图 4.29),用户可以根据实际选择需要的语言。通常建议选择第六项 Chinese(中文)作为默认语言。全部选择完毕后,单击"确定"按钮回到系统选项界面(图 4.27)。

图 4.29　系统参数配置

确认参数无误后单击"完成"按钮。此时软件将开始创建机器人系统,并伴随界面下方状态栏滚动条滚动。创建过程中,状态栏右侧控制器状态为"0/1",且颜色为红色(图 4.30(a))。当进度条滚动完成,控制器状态将转变为"1/1",且颜色将转变为绿色(图 4.30(b)),表明机器人系统创建完成。至此,使用者就可以通过控制器菜单下的"示教器"对机器人进行控制了。

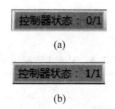

图 4.30　安装前与安装后的状态

第5章

机器人的程序数据

5.1 程序数据基础

程序数据,是在程序模块或系统模块中设定的值和定义的一些环境数据。编程过程或者系统自动更新的程序数据,可以被包含数据定义的模块或其他模块中的相关指令进行引用。

例如 ABB 机器人关节运动指令 MoveJ,语句中调用了 4 个程序数据:

MoveJ p10, v1000, z50,too10; 。

MoveJ 数据说明如表 5.1 所示。

表 5.1　MoveJ 数据说明

程序数据	数据类型	说　　明
p10	robtarget	机器人运动的目标位置数据
v1000	speeddata	机器人运动速度数据
z50	zonedata	机器人运动转弯数据
tool10	tooldata	机器人工具数据 TCP

1. 程序数据的基本类型

- 变量,程序执行期间,变量可以得到一个新值。
- 可变量,数据初始化后,系统将永久保持此变量被赋予的值,但是在程序执行过程中,根据系统运行的需要,该种变量也可以被赋予新的值。
- 常量,各常量代表各个静态值,赋予初始值后,程序运行过程中不能被赋予新值。

数据声明过程中,要求在声明数据名称(标识符)的时候,必须说明数据的类型,否则不能正确引入该数据。除了预定义数据和循环变量外,必须声明所用的其他所有数据。

2. 数据的范围

数据的范围是指可获得数据的有效区域,包括:

- 全局数据——Global

  在模块起始处的所有的例行程序之外进行定义,其作用范围包括全部模块,可以被所有的模块和例行程序使用。

- 局部数据(或称为模块数据)——LOCAL

  在模块起始处的所有例行程序之外进行定义,但是带有 LOCAL 标识符,只能够被定义该数据的模块及其例行程序使用。在局部数据的作用范围内,局部程序数据会屏蔽掉名称相同的所有全局数据或程序(包括指令、预定义程序和预定义数据)。

- 例行程序数据

  在例行程序内部进行定义,仅能被本例行程序使用,并且只能是 VAR 和 CONST 两种存储类型。例行程序执行完毕后,当前数据值被丢弃,再次执行时,恢复初始值。

例如:

```
LOCAL VAR num local_variable_name;
VAR num global_variable_name;
```

3. 数据作用范围要求

- 相同的作用范围内,数据不能使用相同的名称,不同的作用范围可以。
- 在不同的模块中定义的相同名称的局部数据和全局数据可以共存,但在局部数据的作用范围内,全局数据不起作用。
- 例行程序数据可以与其相同名称的局部数据、全局数据同时存在。

4. 数据声明

RAPID 数据命名规则如下:

- 数据名称只能使用字母、数字和下画线;
- 数据名称不得超过 16 个字符;
- 首字符必须是字母;
- 数据名称不允许使用 RAPID 的保留字。

注:RAPID 中不区分名称的大小写。

5.2　程序数据

5.2.1　常用的程序数据

ABB 机器人的程序数据有 76 个,根据应用中的需求,可以创建自己的程序数据。示教器的"程序数据"窗口中可以查看和创建所需要的程序数据。常用程序数据如表 5.2 所示。

表 5.2　常用程序数据

程序数据	说　明	程序数据	说　明
bool	布尔量	pos	位置数据(X、Y 和 Z)
byte	整数 0～255	pose	坐标转换
clock	计时数据	robjoint	机器人轴角度数据
dionum	数字输入/输出信号	robtarget	机器人与外轴的位置数据
extjoint	外轴位置数据	speeddata	机器人与外轴的速度数据
intnum	中断标识符	string	字符串
jointtarget	关节位置数据	tooldata	工具数据
loaddata	负荷数据	trapdata	中断数据
mecunit	机械装置数据	wobjdata	工件数据
num	数值数据	zonedata	TCP 转弯半径数据
orient	姿态数据		

示教器显示数据类型窗口,如图 5.1 所示。

图 5.1　数据类型

5.2.2　数据的类型分类

RAPID 包括三种数据类型:

* 基本类型,不基于其他任意类型定义,并且不能再分为多个部分的基本数据,
  如 num。

- 记录数据类型/组合数据类型,由多个基本数据类型共同定义的新的复合类型,如 pos,其中的任意组成部分可以由其他的基本类型构成,也可由记录类型构成。可用聚合表示法表示记录数值,如[100,200,depth] pos 记录聚合值。
- 别名(alias)数据类型,等同于其他类型,即此种数据类型,除其名称以外,该数据类型与原数据的类型一致。alias 类型可对数据对象进行分类。

通过某部分的名称可访问数据类型的对应部分,如 pos1.y:＝300;为 pos1 的 y 部分赋值。

RAPID 程序的基本数据类型包括三种:

- 数值数据 num。
  例:3.14,4.15E3,15。
- 字符串数据 string,最长 80 个字节。
  例:"This is a string."双引号""中包含的数据。
- 逻辑数据 bool,只有 true、false。

其他的数据类型可以由上述三种数据类型组合或者设置别名构成。

1. 非值数据类型

程序中有效的数据类型,只能是数值数据,或者是非值数据。数值数据表示变量中的内容是数值形式,在数值型变量的操作中不能使用非数值数据:

- 初始化;
- 赋值(:＝);
- 等于(＝)和不等于(＜＞)检查;
- TEST 指令;
- 程序调用中的 IN(访问模式)参数;
- 有返回值程序(返回)数据类型。

信号数据类型(signalai、signaldi、signalgi、signalao、signaldo、signalgo)均为半值数据类型。除了初始化和赋值操作过程以外,此类数据可用于数值运算中。

2. 别名(alias)数据类型

alias 数据,定义之后,该数据的数据类型等同于原数据类型,数据可用另一含相同数据类型的数据替代。

例子:

```
VAR num level;
VAR dionum high:＝1;
level:＝high;
```

由于 dionum 是 num 的一种 alias 数据类型,可以按此过程操作数据。

5.2.3　数据的存储类型

RAPID 程序根据数据的不同的存储特性,分为三种数据存储类型:变量 VAR、可变量 PERS、常量 CONST。

1. 变量 VAR

变量型数据在程序运行和停止时,保持当前数据,但是如果程序指针被移到主程序后,数值将会丢失。定义数据时,可以同时初始化变量,给变量赋予初始值,但是当指针复位后,即机器人复位时,变量数据将恢复到初始值。

VAR 变量定义格式:VAR　type　variableName :＝ variableInitValue;

VAR 表示变量 varibleName 的存储类型为变量;

type 表示程序数据的类型;

variableName 为变量名;

variableInitValue 表示变量的初始值;

":＝"为赋值运算符。

例如:

```
VAR num minValue;
VAR num length: = 0;          名称为 length 的数值变量,初始值为 0
VAR string worker: = "Jack";   名称为 worker 的字符变量,初始值为 Jack
VAR bool timeOut: = FALSE;     名称为 timeOut 的布尔值变量,初始值为 FALSE
```

在机器人的 RAPID 程序中可以对变量存储类型程序数据进行赋值操作。

例如:程序运行过程中改变原有变量的值:

```
length: = 10 - 1;
worker: = "Mike";
timeOut: = TRUE;
```

2. 可变量 PERS

可变量 PERS 被定义时,必须赋予初始值,并且当机器被重置时,将保持最后被赋予的值,即保持当前值。

PERS 变量定义格式:PERS　type　persName :＝ persInitValue;

PERS 表示存储类型为可变量;

type 表示程序数据的类型;

persName 是变量名;

persInitValue 表示变量的初始值;

":＝"为赋值运算符。

例如:

```
PERS num bhr : = 1;
PERS bool finished: = FALSE;
PERS string text : = "HelloWorld";
```

3. 常量 CONST

定义常量的时候,必须赋予一个初始值,程序运行过程中数值保持不变,不能重新赋值。

CONST 类型定义格式:CONST　type　constName :＝ constInitValue;

CONST 表示存储类型为常量;

type 表示程序数据的类型；

constName 是常量名；

constInitValue 表示常量的初始值；

":="为赋值运算符。

例如：

```
CONST num span: = 40;
CONST string worker: = "Jack";
```

5.3 建立程序数据的操作

ABB 机器人使用两种方式建立程序数据：一是在示教器的程序数据页面中建立程序数据；二是建立程序指令时，在程序运行过程中，自动生成程序数据。本节介绍直接在示教器的程序数据页面中建立程序数据的方法。表 5.3 为数据设定过程中通用参数的说明。

表 5.3　数据设定过程中通用参数的说明

数据设定通用参数	参 数 说 明	数据设定通用参数	参 数 说 明
名称	设置数据名称	模块	设置数据所在的模块
范围	设置数据可使用的范围	例行程序	设置数据所在的例行程序
存储类型	设置数据可存储的类型	维数	设置数据的维数
任务	设置数据所在任务	初始值	设置数据的初始值

5.3.1 建立布尔型数据

(1) 进入 ABB 示教器，如图 5.2 所示。

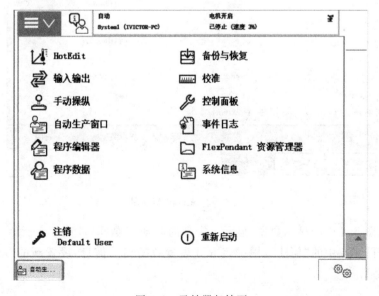

图 5.2　示教器起始页

（2）单击"程序数据"，查看全部的数据类型，如图 5.3 所示。

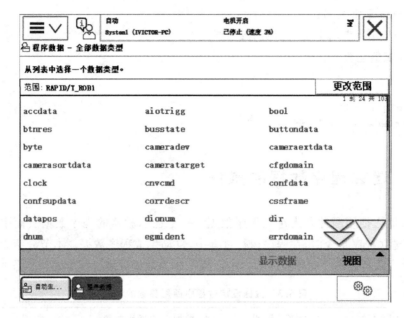

图 5.3　显示全部数据类型的界面

（3）选择 bool 变量名，如图 5.4 所示。

图 5.4　选择 bool 型变量

（4）单击图 5.4 中的显示数据，显示已定义的 bool 型数据，如图 5.5 所示。

（5）单击图 5.5 中的"新建"，根据表 5.3 设置数据相关信息，设置新的 bool 变量的属性，如图 5.6 所示。

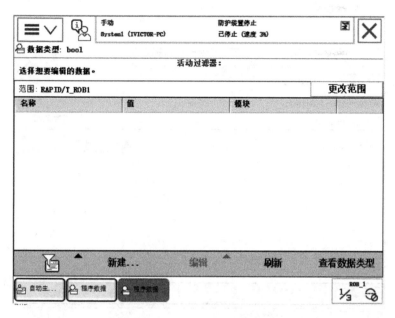

图 5.5 bool 型数据显示页面

图 5.6 bool 型数据的属性设置

5.3.2 建立程序数据

(1) 在数据类型显示界面中选择 num,如图 5.7 所示。

(2) 单击"显示数据",显示已经定义的 num 型数据,如图 5.8 所示。

(3) 单击图 5.8 中的"新建",设置新的 num 型数据,如图 5.9 所示。

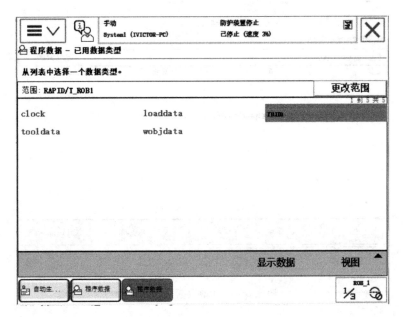

图 5.7　单击 num

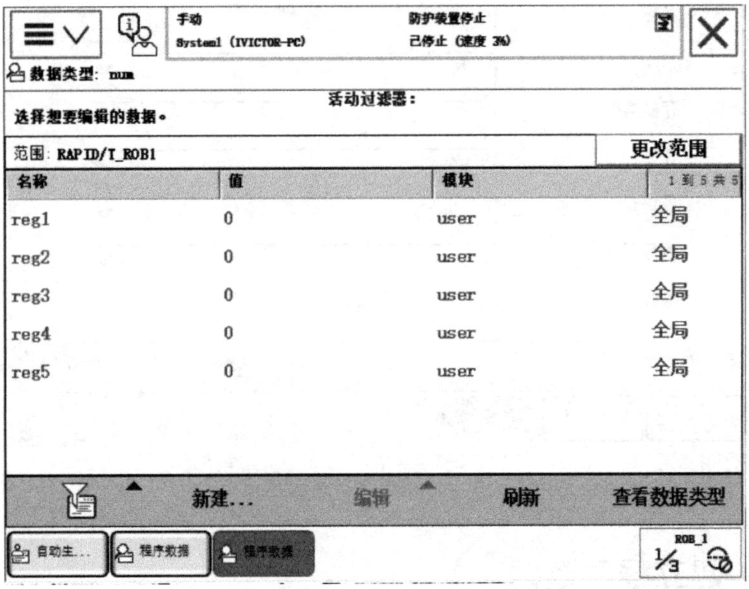

图 5.8　num 数据列表

图 5.9 新 num 数据属性设置

5.4 程序中的常用关键性数据

为了正确地完成机器人的编程过程,实现机器人关节的精确运动,需要在编写程序之前,定义三个必需的程序数据:工具数据 tooldata、工件数据 wobjdata、负荷(载荷)数据 loaddata。

5.4.1 工具数据

ABB 六轴工业机器人,可以应用于焊接、打磨、搬运等不同的工业背景。随着应用不同,需要配置不同终端工具或者夹具,例如弧焊机器人的工具为焊枪,搬运机器人的工具为吸盘或者夹具。工具数据用于描述安装在机器人第六轴上工具的相关特征和属性参数,包括 TCP、方位、质量和重心等参数。

工具数据将对机械臂的运动产生影响,主要包括:

- 工具中心点(TCP)指的是机械臂上满足指定路径和速率性能的点,如果重新定位工具或使用指定的外轴,则该点将以编程速率沿所期望路径移动。
- 如果使用夹具等固定工具,机械臂的速度和运行路径将与机械臂所夹持的工件有关。
- 编程位置指的是当前 TCP 位置以及相对于工具坐标系的方位,如果更换受损工具,在重新定义工具坐标系的情况下,仍可使用原有的程序。

默认情况下,工具的工具中心点(TCP 点)位于机器人工具安装法兰的中心。图 5.10 中,O 点就是默认的 TCP 点。

通常情况下,采用多点设置的方法设置 TCP 数据,不同的取点数目有一定的区别:

- 4 点法,不改变 tool0 的坐标方向;

- 5 点法,改变 tool0 的 Z 方向;
- 6 点法,改变 tool0 的 X 和 Z 方向。

设置过程中,增大前三个点的姿态差异,可以提高 TCP 的精度。

针对机械臂所安装的工具,在第六轴法兰的坐标系中定义基本 TCP 的位置和方位。

针对固定工具,在世界坐标系中 TCP 的位置和姿态数据也是固定的。

无论是否使用机械臂所持工具(焊枪等工具)或固定工具(夹具),tooldata 中的 loaddata 部分均与安装法兰的坐标系相关。

组件 robhold 与 robot hold 的数据类型为 bool,定义机械臂是否夹持工具:

- TRUE:机械臂正夹持着工具。
- FALSE:机械臂没有夹持工具,即为固定工具。

组件 tframe 与 tool frame 的数据类型为 pose,表示工具坐标系,如图 5.11 所示的 TCP 位置,即:

- TCP 的位置(x、y 和 z),单位为 mm,并用安装法兰处的坐标系 tool0 来表示;
- 工具坐标系的方位,用腕坐标系来表示。

 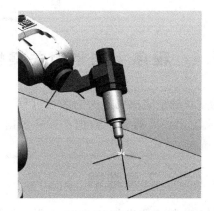

图 5.10　默认的 TCP 点　　　　　　　图 5.11　带工具的 TCP 点

程序运行过程中,机器人将 TCP 移至编程位置,如果要更改工具和工具坐标系,将同时更改机器人的移动数据,使新的 TCP 到达目标。机器人安装法兰位置有一个预定义工具坐标系,该坐标系被称为 tool0,以此为基础,可以将一个或多个新工具坐标系定义为 tool0 的偏移值。

TCP 点的设置过程如下:

(1) 在机械臂的工作范围内找一个精确的固定点,以此为设置 TCP 数据的基本参考点;

(2) 在工具上确定一个参考点(最好是工具的中心点);

(3) 手动操纵机器人,移动工具上的参考点,采用 4 种以上不同的机器人姿态,尽可能与固定点刚好碰上;

(4) 机器人通过 4 个位置点的位置数据计算求得 TCP 的数据,然后 TCP 的数据就保存在 tooldata 这个程序数据中被程序进行调用。

机械臂所持工具负载:

- 工具的质量(重量),单位 kg。
- 工具负载的重心(x、y 和 z),单位 mm,并以机械臂安装法兰坐标系来表示。
- 工具力矩主惯性轴的方位,用机械臂的安装法兰坐标系表示。
- 围绕力矩惯性轴的惯性矩,单位 kgm^2,如果将所有惯性部件定义为 0,则将工具作为一个点质量来处理。

负载重心示意如图 5.12 所示。

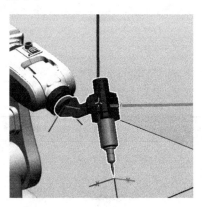

图 5.12 负载重心

通过示教器可以完成工具的数据校验,即可以通过输入正确的相关尺寸信息,自动计算出工具控制点的位置,并将相关数据保存到工具文件 tooldata 中。

(1) 选择待设置的工具,如图 5.13 所示的焊枪,单击"编辑",选择"更改值"。

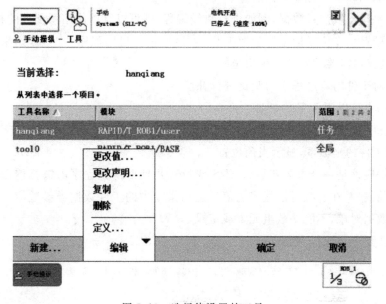

图 5.13 选择待设置的工具

根据实际情况,设定工具的质量 mass(单位 kg)和重心位置,然后依次单击"确定"按钮,直到完成参数设置,建立工具的 tooldata 数据,如图 5.14 所示。

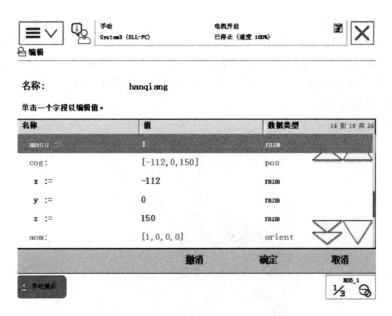

图 5.14　输入质量 mass 和重心位置

5.4.2　工件坐标

wobjdata 用于描述机械臂焊接、处理及其内部移动等工件相对大地坐标或其他坐标的位置。使用 wobjdata 具有如下优点：
- 如果手动输入位置数据，例如进行离线编程，则可以直接使用图纸上的相关数据。
- 在机械臂工作位置信息发生改变后，可迅速重新启用程序。例如，如果移动固定装置，则仅仅需要重新定义用户坐标系。
- 可以对工件附着过程中的变化进行补偿。

工件数据也可以用于完成点动：
- 可使机械臂朝工件方向点动。
- 根据工件的坐标系，显示当前位置。

工件数据应该是一个永久变量（PERS 变量），并且不得在程序内进行修改。在保存程序时保存当前值，并在有载时恢复当前值。运动指令中的工件数据类参数应当仅仅是一个完整的永久数据对象，不能是数组元素或记录。

例如：设置 wobjdata 数据：

```
PERS wobjdata wobj2 :=[ FALSE, TRUE, "", [ [300, 600, 200], [1, 0,0 ,0] ], [ [0, 200, 30], [1, 0, 0 ,0] ] ];
```

说明：
- 机械臂未夹持着工件。
- 使用固定的用户坐标系。
- 用户坐标系不旋转，且其在世界坐标系中的原点坐标为 x＝300、y＝600 和 z＝

200mm。

- 目标坐标系不旋转,且其在用户坐标系中的原点坐标为 x＝0、y＝200 和 z＝30mm；wobj2. oframe. trans. z ：＝ 38.3。
- 将工件 wobj2 的位置调整为沿 z 方向 38.3mm 处。

建立 wobjdata 数据的步骤如下：

(1) 进入手动操纵界面,选择其中的工件坐标,如图 5.21 所示。

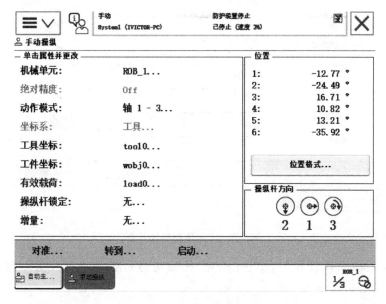

图 5.21　手动操纵界面

(2) 显示工件坐标信息,如图 5.22 所示。

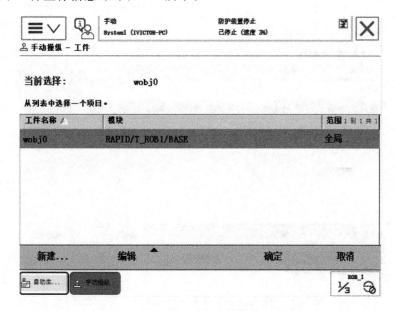

图 5.22　工件坐标信息

（3）单击图 5.22 中的"新建"，显示工件坐标数据属性设置界面，设置之后单击"确定"按钮，如图 5.23 所示。

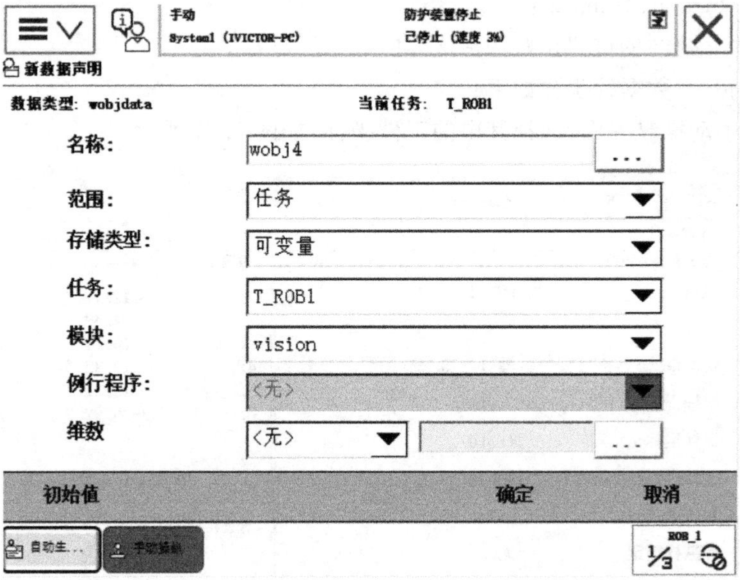

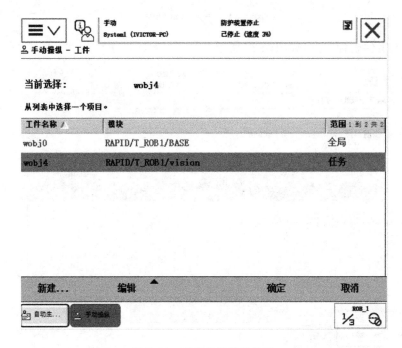

图 5.23　工件坐标属性设置

（4）工件坐标属性设置后，单击"确定"按钮将显示工件坐标设置结果，如图 5.24 所示。

图 5.24　工件坐标设置结果

（5）单击"编辑"菜单，选择"定义"，如图 5.25 所示。

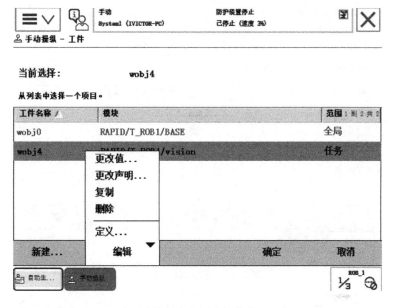

图 5.25　打开编辑菜单

（6）目标方法设置为 3 点，如图 5.26 所示。

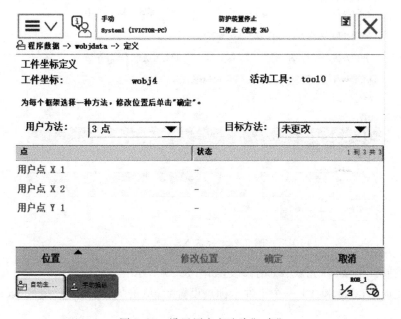

图 5.26　设置用户方法为"3 点"

（7）在示教器上，手动操作，使工具参考靠近定义工件坐标的 X1 点。

（8）单击"修改位置"，完成 X1 的工件坐标点录入，如图 5.27 所示。

（9）在示教器上，手动操作，使工具参考靠近定义工件坐标的 X2 点。

（10）再次单击"修改位置"，完成 X2 点的设置，如图 5.28 所示。

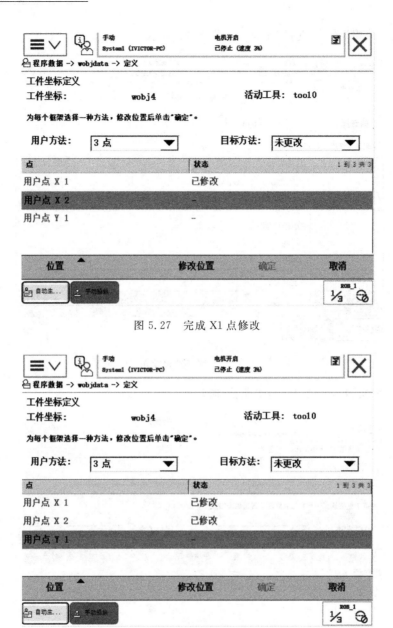

图 5.27 完成 X1 点修改

图 5.28 完成 X2 点修改

(11) 按同样的步骤,完成 Y1 的修改,如图 5.29 所示。

(12) 完成 X1、X2 和 Y1 三个工件坐标点设置后,单击"确定"按钮,完成 wobjdata 数据设置。

5.4.3 有效载荷

loaddata 用于描述附加于机械臂的机械(机械臂安装法兰)所承受的载荷。

载荷数据常常定义机械臂的有效负载或支配负载(通过定位器的指令 GripLoad 或 MechUnitLoad 来设置),即机械臂夹具所施加的负载。同时将 loaddata 作为 tooldata 的组

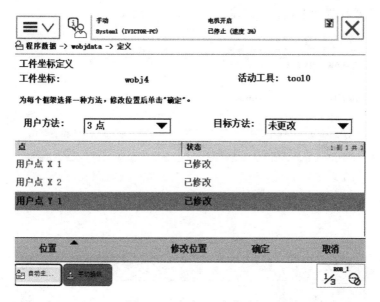

图 5.29　完成 Y1 点修改

成部分,以描述工具负载。

必须根据机器人的实际使用情况,设置机械臂(例如抓取部分)的有效载荷。载荷数据定义错误,可能会导致机械臂机械结构过载,引起下列问题:

- 超过机械臂可接受载荷的最大承受能力;
- 影响机械臂运动路径的准确性,甚至引起运动过度;
- 机械臂的机械结构由于过载,易产生故障或者损坏。

有效载荷 loaddata 的设定过程如下:

(1) 手动操纵方式下,选择"有效载荷",如图 5.30 所示。

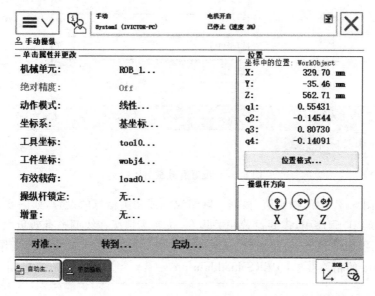

图 5.30　手动操纵界面

（2）在有效载荷界面下，选择"新建"，如图 5.31 所示。

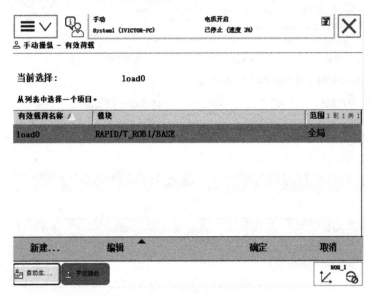

图 5.31 显示有效载荷

（3）设置有效载荷的属性，如图 5.32 所示。

图 5.32 设置有效载荷属性

（4）单击图 5.32 中的初始值，根据实际情况完成相关信息的设置，如图 5.33 所示。

（5）在 RAPID 程序中，需要设置相关指令，按实际情况在线调整有效负载参数。

例如：利用 ABB 机器人（机械臂）所夹持的工具，完成移动有效负载的工作。

设 loaddata 的相关参数：PERS loaddata piece1 := [5, [50, 0, 50], [1, 0, 0, 0], 0, 0, 0];

机械臂夹持的工具的主要参数如下：

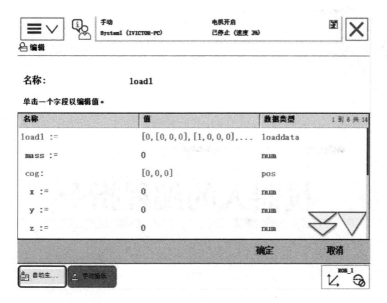

图 5.33　调初始值

- 重量 5kg。
- 重心为工具坐标系中的 x＝50，y＝0 和 z＝50mm。
- 有效负载为一个点质量。

① 在机械臂抓握负载的同时，指定有效负载的连接 piece1。

```
Set gripper;
WaitTime 0.3;
GripLoad piece1;
```

② 在机械臂释放有效负载的同时，规定断开有效负载。

```
Reset gripper;
WaitTime 0.3;
GripLoad load0;
```

③ 根据 loaddata 的相关参数值，移动有效负载。

参数：

- 重量：5kg。
- 工件 wobj2 的重心为目标坐标系中的 x＝50，y＝50 和 z＝50mm。
- 根据目标坐标系，有效负载坐标系/矩轴围绕 Y″旋转 180°。
- 有效负载为一个点质量。

语句：

```
PERS loaddata piece2 : = [ 5, [50, 50, 50], [0, 0, 1, 0], 0, 0, 0];
PERS wobjdata wobj2 : = [ TRUE, TRUE, "", [ [0, 0, 0], [1, 0, 0, 0]], [ [50, -50, 200], [0.5, 0,
  -0.866 ,0] ] ];
```

第6章

机器人的编程指令

6.1 RAPID 程序设计基础

ABB 机器人的程序由一定的指令和数据组成,采用 RAPID 程序编写控制机器人及其外围设备。

ABB 机器人的控制程序中包含很多机器人操作指令,执行指令将完成相关的机器人操作。与常规计算机程序类似,程序模块是机器人的控制指令、数据的集合,也包含特定的数据和例行程序,是 ABB 机器人运行的基础。将程序分为不同的模块后,可改进程序的外观,且使其便于处理。每个模块表示一种特定的机器人动作或类似动作。从控制器程序内存中删除程序时,也会删除所有程序模块。程序模块通常由用户来编写。

RAPID 语言不区分大小写,变量名称中字母的大小写形式无区别。

程序通常由三个不同的部分构成:主程序、子程序、程序数据。

主程序:Main Routine,是程序开始执行的位置。

子程序:将程序划分为较小的部分,从而使每个程序模块更加简单、易读。子程序,可以被主程序和其他的子程序调用,当一个子程序执行完成时,程序将继续从调用点处继续执行下一条指令。

程序数据:用于定义机器人的位置、寄存器和计数器等的数值、机器人的坐标等。

6.1.1 程序的基本结构

1. 指令

程序由多个机械臂的工作指令构成,不同操作对应的是不同的指令,如机械臂的移动过程对应一个指令,机械臂的设置输出对应另一个指令。

每个指令通常包含多个参数,通过参数定义动作。如重置输出的指令包括一个明确要重置哪个输出的参数,如 Reset do2,并确定这些参数的方式,例如:

- 数值,5 或 4.6;
- 数据索引,reg1;
- 表达式,5＋reg2＊2;
- 函数调用,Abs(reg3);
- 串值,"Producing part A"。

2. 程序

程序分为三类——无返回值程序、有返回值程序和软中断程序。

- 无返回值程序用作子程序;
- 有返回值程序会返回一个特定类型的数值,用作指令的参数;
- 软中断程序提供了一种中断应对方式。一个软中断程序对应一次特定中断,如设置一个输入,若发生对应中断,则自动执行该输入。

3. 数据

可按数据形式保存信息,如工具数据 tooldata,包含对应工具的所有相关信息,包括工具的工具中心接触点及其重量等;数值数据 num,也有多种用途,如计算待处理的零件量等。数据分为多种类型,不同类型所含的信息也各有不同,如工具、位置和负载等。可根据实际需要自由创建此类数据,其数据的数量不受限(除来自内存的限制外),并且可按命名规则定义任意名称。数据可遍布于整个程序中,即对全部程序的作用范围都有作用,也可能只在某一个程序中使用。

数据分为三类:常量、变量和永久数据对象。

- 常量表示的是静态值,只能通过人为方式赋予新值。
- 变量可以在程序执行期间被赋予一个新值。
- 永久数据对象,被视作"永久"变量,保存程序时,初始化值呈现的就是永久数据对象的当前值。

4. 其他特征

语言中还有其他特征:

- 程序参数;
- 算术表达式和逻辑表达式;
- 自动错误处理器;
- 模块化程序;
- 多任务处理。

6.1.2　程序的基本元素

1. 标识符

用标识符对模块、程序、数据和标签命名,如:

- MODULE 模块名称；
- PROC 程序名称；
- VAR 变量；
- do1 输出 I/O。

标识符中的首个字符必须为字母，其余部分可由字母、数字或下画线组成。标识符最长不得超过 32 个字符。字符相同的标识符，表示同一个标识符。

2. 保留字

保留字在 RAPID 编程语言中有特殊意义（表 6.1），不能用作任何标识符。此外，在 RAPID 中包含的预定义的数据类型名称、系统数据、指令和有返回值的程序等也不能用作标识符。

RAPID 保留字如下：ALIAS、AND、BACKWARD、CASE、CONNECT、CONST、DEFAULT、DIV、DO、ELSE、ELSEIF、ENDFOR、ENDFUNC、ENDIF、ENDMODULE、ENDPROC、ENDRECORD、ENDTEST、ENDTRAP、ENDWHILE、ERROR、EXIT、FALSE、FOR、FROM、FUNC、GOTO、IF、INOUT、LOCAL、MOD、MODULE、NOSTEPIN、NOT、NOVIEW、OR、PERS、PROC、RAISE、READONLY、RECORD、RETRY、RETURN、STEP、SYSMODULE、TEST、THEN、TO、TRAP、TRUE、TRYNEXT、UNDO、VAR、VIEWONLY、WHILE、WITH、XOR。

3. 空格和换行符

RAPID 编程语言与其他常用的计算机语言书写方法类似，可以按照需要使用空格。禁止使用空格的位置如下：

- 标识符的字符之间禁止使用空格；
- 保留字的字符之间；
- 数值中；
- 占位符。

除了注释以外，只要可用空格的地方就可用换行符、制表符代替。标识符、保留字和数值之间必须用空格、换行符或换页符隔开。

4. 数值

数值有如下两种表示方式：

- 整数，如 3、−100 或 3E2 等；
- 小数，如 3.5、−0.345 或 −245E-2 等。

5. 逻辑值

逻辑值仅可取值为 TRUE 或 FALSE。

6. 字符串值

字符串值是一个由字符和控制字符组成的序列，字符串的最大长度为 80 个字符。

例如：

```
"Thank you for using this system."
"This string ends with the BEL control character \07"
```

如果字符串值中包含一个反斜线（表示字符代码）或双引号字符，则该字符必须写两次。
例如：

```
"This string contains a "" character."
"This string contains a \\ character."
```

7. 注释

注释是对程序中特定语句的注解，良好的注释可帮助理解程序，了解程序的功能。注释只起到程序语句解释的作用，不参与程序的执行过程。注释以感叹号"!"开始，以换行符结束，占一整行。
例如：

```
! comment
IF reg1 > 5 THEN
! comment
    reg2 : = 0;
ENDIF
```

8. 占位符

可用占位符暂时代表程序中尚未定义的部分，如表 6.1 所示。

表 6.1　占位符

占位符	说　　明	占位符	说　　明
<TDN>	数据类型定义	<VAR>	数据对象（变量、永久数据对象或参数）索引
<DDN>	数据声明	<EIT>	if 指令的 else if 子句
<RDN>	程序声明	<CSE>	测试指令情况子句
<PAR>	可选替换形参	<EXP>	表达式
<ALT>	可选形参	<ARG>	过程调用参数
<DIM>	形式（一致）数组阶数	<ID>	标识符
<SMT>	指令		

9. 文件标题

每个程序文件的开头部分就是文件标题（可以省略），如下所示：

```
%%%
  VERSION: 1
     LANGUAGE: ENGLISH
%%%
```

6.1.3　编程指令

RAPID 程序运行过程中，连续执行指令，除非程序流程指令或中断或错误导致执行中途中断,然后继续。多数指令都通过分号";"终止,标号通过冒号":"终止。

不同指令用途如下:

- 给数据赋值;
- 等待一段指定时间或等到满足条件时;
- 在程序中插入注释;
- 加载编程模块。

有些指令可能含有其他指令,要通过具体关键词才能终止,如表 6.2 所示。

表 6.2　指令/终结表

指令	终止词	指令	终止词
IF	ENDIF	WHILE	ENDWHILE
FOR	ENDFOR	TEST	ENDTEST

6.2　建立程序模块与例行程序

通过示教器建立程序模块的操作如下。

(1) 单击"程序编辑器",打开程序编辑器,如图 6.1 所示。

图 6.1　示教器主界面

(2) 单击"程序编辑器",弹出程序查询提示,单击"取消"按钮,进入模块列表画面,如图 6.2 所示。

(3) 单击"文件",选择"新建模块",进入模块列表画面,如图 6.3 所示。

(4) 通过按钮 ABC 进行模块名称的设定,命名为 Vision,然后单击"确定"按钮创建模块,如图 6.4 所示。

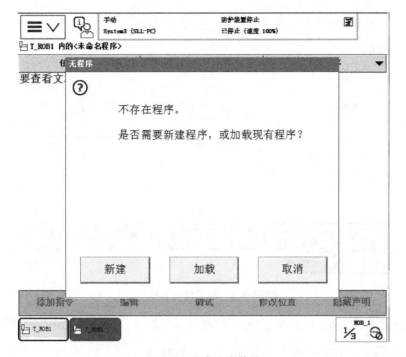

图 6.2　程序查询结果

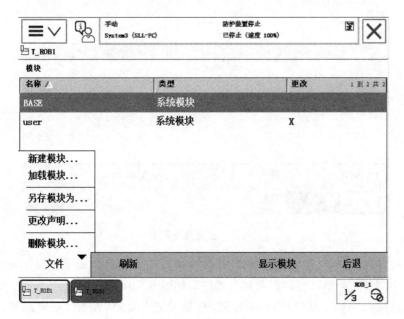

图 6.3　模块列表

图 6.4　设置模块名称

（5）选中模块 Vision，然后单击"显示模块"，进入新建的该模块，如图 6.5 所示。

图 6.5　新建模块列表

（6）单击"例行程序"，完成创建"例行程序"，如图 6.6 所示。

（7）打开"文件"菜单，选择"新建例行程序"，如图 6.7 所示。

（8）通过按钮 ABC，设定程序的名称，然后单击"确定"按钮，完成创建，如图 6.8 所示。

图 6.6　创建例行程序

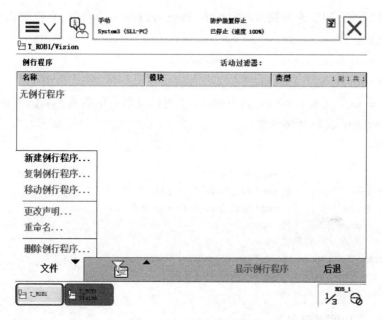

图 6.7　打开"文件"菜单

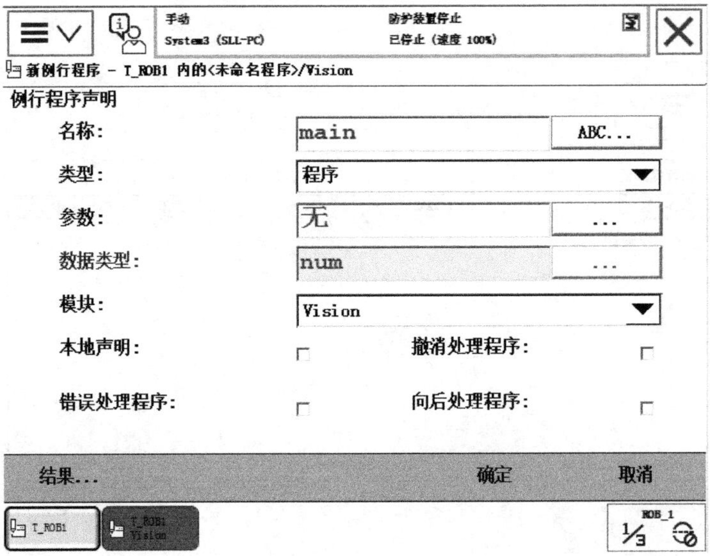

图 6.8　设置例程参数

6.3　常用 RAPID 指令

6.3.1　赋值指令

赋值指令":=",用于向数据分配一个值,该值可以是一个数值、字符串值等,也可以是一个算术表达式。

语法:<assignment target>:=<expression>;

用法举例:myData:=Value;

将值 Value 赋给变量 myData,其中 myData 可以是所有的数值型数据类型,Value 的值类型需要与 myData 的类型相一致。

应用举例:

```
reg1:=5;                将 reg1 指定为 5
reg2:=reg1+4;           将 reg2 指定为 reg1+4 的结果
reg3:=reg4+5*reg1;      将 reg3 指定为 reg4+5*reg1 的结果
counter:=counter+1;     将 counter+1
将 tool1 的 TCP 在 x 方向移动 20mm
tool1.tframe.trans.x := tool1.tframe.trans.x + 20;
将 value 变量的绝对值赋值给 pallet 矩阵中的元素
pallet{5,8} := Abs(value);
```

":="指令应用的限制如下:

(1) 程序中只能对变量使用赋值运算符,不能用于改变常量的值;

(2) 数据类型不能是非值类型;

(3) 赋值运算符两侧的数据和数值必须具有类似(相同或者别名)的数据类型。

6.3.2　机器人运动指令

机器人基本的运动指令：关节运动指令"MoveJ"、线性运动指令"MoveL"、圆弧运动指令"MoveC"、绝对位置运动指令"MoveAbsJ"。

基本运动指令如下：

- 直线运动指令 MoveL 与关节运动指令 MoveJ

```
MoveL/MoveJ p1, v100, z10, tool0
```

MoveL/MoveJ	指令名称
p1	目标位置，数据类型 robtarget
v100	运行速度，单位 mm/s，数据类型 speeddata
z10	转弯区尺寸，单位 mm，数据类型 zonedata
tool0	工具中心点，数据类型 tooldata

- 圆弧运动指令 MoveC 与关节运动指令 MoveJ

```
MoveC p1, p2, v100, z10, tool0
```

MoveC	指令名称
P1	中间位置，数据类型 robtarget
P2	目标位置，数据类型 robtarget
v100	运行速度，单位 mm/s，数据类型 speeddata
z10	转弯区尺寸，单位 mm，数据类型 zonedata
tool0	工具中心点，数据类型 tooldata

- 绝对位置运动指令 MoveAbsJ

```
MoveAbsJ jpos1, v100, z10, tool0
```

MoveAbsJ	指令名称
jpos1	目标位置，数据类型 jointtarget
v100	运行速度，单位 mm/s，数据类型 speeddata
z10	转弯区尺寸，单位 mm，数据类型 zonedata
tool0	工具中心点，数据类型 tooldata

1. 关节运动指令 MoveJ

MoveJ 用于将机械臂迅速地从一点移动到另一点，机械臂和外轴可以沿非线性路径运动至目的位置，所有轴同时达到各自的目的位置。本指令仅可用于主任务 T_ROB1，或者，如果在 MultiMove 系统中，也可用于运动任务控制。

参数说明：

```
MoveJ [\Conc] ToPoint [\ID] Speed [\V] | [\T] Zone [\Z] [\Inpos]Tool [\WObj] [\TLoad]
```

(1) [\Conc]

数据类型：switch

当机械臂正在运动时，执行后续指令，通常不使用该参数，但是，当使用飞越点时，可使用参数以避免由过载所引起的停顿。在高速运动情况下，当编程点极为接近时，可以使用该参数。运用参数\Conc，将连续运动指令的数量限制为 5。在包含 StorePath-RestoPath 运动指令和参数的程序中，不允许使用\Conc。如果省略该参数，且 ToPoint 并非停止点，则在机械臂达到编程区之前,执行后续指令一段时间。不能将该参数用于 MultiMove 系统中的协调同步移动。

(2) ToPoint

数据类型: robtarget

机器人和外部轴的目标点。定义为已命名的位置或直接存储在指令中。

(3) [\ID]

数据类型: identno

如果协调同步运动,必须在 MultiMove 系统中使用该参数。在机械臂的合作程序执行过程中,为确保各程序执行过程中机械臂不会产生混淆,id 号必须相同。

(4) speed

数据类型: speeddata

表示运动的速度数据,规定了相关工具中心点、工具方位调整和外轴的速率。

(5) [\V]

数据类型: num

用于规定指令中 TCP 的速率,单位 mm/s,并取代速度数据中指定的相关速率。

(6) [\T]

数据类型: num

该参数用于规定机械臂运动的总时间,单位 s(秒),并取代相关的速度数据。

(7) Zone

数据类型: zonedata

相关移动的区域数据,描述了机械臂拐角路径的大小。

(8) [\Z]

数据类型: num

该参数用于规定指令中机械臂 TCP 的位置精度,角路径的长度单位 mm,其替代区域数据中指定的相关区域。

(9) [\Inpos]

数据类型: stoppointdata

用于规定停止点处机械臂 TCP 位置的收敛准则,取代 Zone 参数中的指定区域。

(10) Tool

数据类型: tooldata

移动机械臂时正在使用的工具。工具中心点是指移动至指定目的位置的点。

(11) [\WObj]

数据类型: wobjdata

与机器人位置关联的工件数据,位置与世界坐标系相关,可省略该参数。如果使用固定的 TCP 或者协调的外轴,则必须指定该参数。

(12) [\TLoad]

数据类型: loaddata

\TLoad 描述移动中使用的总负载。总负载就是相关的工具负载加上该工具正在处理的有效负载。如果使用了\TLoad 参数,可以暂时不考虑当前 tooldata 中的 loaddata。如果

\TLoad 参数被设置成 load0,那么就不考虑 \TLoad 参数,而是以当前 tooldata 中的 loaddata 作为程序运行时的数据。想要使用 \TLoad 参数,就必须将系统参数 ModalPayLoadMode 的数值设置成 0。如果将 ModalPayLoadMode 设置成 0,则无法使用指令 GripLoad。可用服务例程"负载标识"(LoadIdentify)来识别总负载。如果系统参数 ModalPayLoadMode 被设置成 0,且系统正在运行该服务例程,那么操作员便可将相关工具的 loaddata 复制到一个现有的或新的 loaddata 变量中。如果使用了关联到系统输入项 SimMode(仿真模式)上的一个数字输入信号,那么便可在没有任何有效负载的情况下试运行该程序。如果该数字输入信号被设置成 1,那么就忽略可选参数 \TLoad 中的 loaddata,使用当前 tooldata 中的 loaddata。

指令执行说明如下:

通过插入轴角,使各轴以恒定轴速率将工具中心点移动到目的点,所有的轴沿着非线性路径同时到达目的点。

通常,TCP 以合适的速率运动。在调整工具方位的运动过程中,在 TCP 运动的同时,使外轴移动。如果无法达到指定的速率,降低 TCP 的运动速率。当运动转移至下一段路径时,通常会产生角路径。

应用举例如下:

(1) MoveJ p1, vmax, z30, tool2;

将工具的工具中心点 tool2 沿非线性路径移动至位置 p1,其速度为 vmax,且区域数据为 z30。

(2) MoveJ *, vmax \T: = 5, fine, grip3;

将工具的 TCPgrip3 沿非线性路径移动至存储于指令中的停止点(标记有 *),整个运动耗时 5 秒。

(3) MoveJ *, v2000\V: = 2200, z40 \Z: = 45, grip3;

工具的 TCPgrip3 沿非线性路径运动至指令中存储的位置。将数据设置为 v2000 和 z40 时,开始运动,TCP 的速率和区域半径分别为 2200mm/s 和 45mm。

(4) MoveJ \Conc, *, v2000, z40, grip3;

工具的 TCPgrip3 沿非线性路径运动至指令中存储的位置。

2. 线性运动指令 MoveL

MoveL 用于将工具中心点沿直线移动至给定目的位置。当 TCP 保持固定时,则该指令也可用于调整工具方位。本指令仅可被用于主任务 T_ROB1,在 MultiMove 系统中,则可应用于运动任务中。

参数说明如下:

MoveL [\Conc] ToPoint [\ID] Speed [\V] | [\T] Zone [\Z] [\Inpos]Tool [\WObj] [\Corr] [\TLoad]

其中的 [\Conc]、ToPoint、Speed、[\V]、[\T]、Zone、[\Z]、[\Inpos]、Tool、[\TLoad] 与 MoveJ 的参数意义相同。

- [\ID]

数据类型:identno

如果机械臂的运动是同步的或者协调同步的,在 MultiMove 系统中强制使用参数

[\ID]，其他情况下不允许使用这个参数。程序中指定的 ID 号必须与所有协作程序任务中的 ID 号一致，使用此 ID 号，动作才不会在运行时出现混淆。

- [\WObj]

数据类型：wobjdata

指定机器人位置相关联的工件坐标参数。可省略该参数，使工件位置与世界坐标系相关。如果使用固定式 TCP 或协调的外轴，则必须指定该参数，执行与工件相关的线性运动。

- [\Corr]

数据类型：switch

如果使用该参数，通过指令 CorrWrite 将修正数据添加到路径和目的位置。

指令执行说明如下：

将机械臂和外部单元移动至以下目的位置：

- 以恒定速率，沿直线移动工具的 TCP；
- 以相等的间隔，沿路径调整工具方位运动；
- 以恒定速率执行不协调的外轴，从而使其与机械臂的轴同时到达目的点。

如果不可能以程序中指定的运行速率运动，则将降低 TCP 的速率。当运动转移至下一段路径时，通常会产生角路径。如果在区域数据中指定停止点，则仅当机械臂和外轴已达到适当的位置时，才继续执行后续的程序。

应用举例如下：

（1）MoveL p1, v1000, z30, tool2;

工具的 TCPtool2 将沿直线运动至位置 p1，其速度数据为 v1000，且区域数据为 z30。

（2）MoveL *, v1000\T: = 5, fine, grip3;

工具的 TCPgrip3 沿直线运动至存储于指令中的停止点（标记有 *），完整的运动耗时 5 秒。

（3）MoveL *, v2000 \V: = 2200, z40 \Z: = 45, grip3;

工具的 TCPgrip3 沿直线运动至指令中存储的位置。将数据设置为 v2000 和 z40 时，开始运动。TCP 的速率和区域半径分别为 2200mm/s 和 45mm。

（4）MoveL \Conc, *, v2000, z40, grip3;

工具的 TCPgrip3 沿直线运动至指令中存储的位置，当机械臂运动时，执行后续逻辑指令。

3. 圆弧运动指令 MoveC

MoveC 用于将工具中心点（TCP）沿圆周移动至给定的目的地。移动期间，该周期的方位通常相对保持不变。本指令仅可用于主任务 T_ROB1，或者应用在 MultiMove 系统的运动任务。

参数说明如下：

MoveC [\Conc] CirPoint ToPoint [\ID] Speed [\V] | [\T] Zone [\Z][\Inpos] Tool [\WObj] [\Corr] [\TLoad]

其中的[\Conc]、ToPoint、[\ID]、Speed、[\V]、[\T]、Zone、[\Z]、[\Inpos]、Tool、[\Corr]、[\TLoad]与 MoveJ 的参数意义相同。

- CirPoint

数据类型：robtarget

相关机器人的圆弧点。圆弧点是指相关起点与终点间的圆弧上的某个位置。若要获得最好的准确度，应该把该点放在相关起点与终点的正中间处。如果该点太靠近起点或终点，那么相关机器人就可能发出一条警告。将圆弧点定义为一个已命名的位置，或将其直接保存在相关指令（在指令中用一个 ＊ 标注）中。不能使用外轴的这一位置。

- ［ \WObj ］

数据类型：wobjdata

该工件（对象坐标系）与相关指令中的机器人位置相关联。如果忽略该参数，相关位置就会与全局坐标系关联起来。如果使用了一个固定 TCP 或若干协同外轴，那么就必须为一个圆圈（相对于待执行工件的圆圈）指定该参数。

指令执行说明如下：

将机械臂和外部单元移动至以下目的点：

- 以恒定速率，沿圆周移动工具的 TCP；
- 以恒定速率，将工具从起始位置的方位调整为目的点处的方位；
- 调整同圆周路径相关的姿态。如果路径起点和目的点的相关姿态相同，则在运动期间，相关姿态保持不变。图 6.9 表明了圆周运动期间的工具方位。

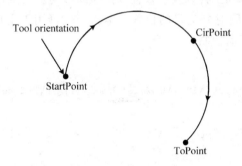

图 6.9　圆周运动期间的工具方位

沿路径调整姿态的准确性仅取决于起点和目的点处的姿态。在指令 CirPathMode 中描述了圆周路径期间关于工具方位的不同模式。以恒定速率执行不协调的外轴，从而使其与机械臂轴同时到达目的点。未使用循环位置中的位置，如果不可能达到关于调整姿态或外轴的编程速率，则将降低 TCP 的速率。当运动转移至下一段路径时，通常会产生角路径。如果在区域数据中指定停止点，则仅当机械臂和外轴已达到适当的位置时，继续执行后续程序。

应用举例如下：

（1）MoveC p1, p2, v500, z30, tool2;

工具的 TCPtool2 沿圆周移动至位置 p2，其速度数据为 v500 且区域数据为 z30。根据起始位置、圆周点 p1 和目的点 p2，确定该循环。

（2）MoveC ＊, ＊, v500 \T: = 5, fine, grip3;

工具的 TCPgrip3 沿圆周移动至指令中存储的精点（标有第二个 ＊）。同时将圆周点存储在指令中（标有第一个 ＊）。完整的运动耗时 5 秒。

（3）通过两个 MoveC 指令，实施一个完整的周期。

```
MoveL p1, v500, fine, tool1;
MoveC p2, p3, v500, z20, tool1;
MoveC p4, p1, v500, fine, tool1;
```

图 6.10 显示了该执行过程。

（4）MoveC *, *, v500 \V: = 550, z40 \Z: = 45, grip3;

工具的 TCPgrip3 沿圆周运动至指令中存储的位置。将数据设置为 v500 和 z40 时，开始运动。TCP 的速率和区域半径分别为 550mm/s 和 45mm。

（5）MoveC p5, p6, v2000, fine \Inpos : = inpos50, grip3;

工具的 TCPgrip3 沿圆周运动至停止点 p6。当满足关于停止点 fine 的 50％的位置条件和 50％的速度条件时，机械臂认为该工具位于点内。其最多等待 2 秒，以满足各条件。参见数据类型为 stoppointdata 的预定义数据 inpos50。

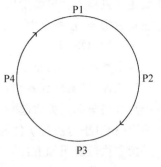

图 6.10　执行过程

4. 绝对位置运动指令 MoveAbsJ

用于将机械臂和外轴移动至轴位置中指定的绝对位置。执行 MoveAbsJ 期间，机械臂的位置不会受到给定工具和工件以及有效程序位移的影响。机械臂和外轴沿非线性路径运动至目的位置，所有轴均同时到达目的位置。本指令仅可用于主任务 T_ROB1，也可以在 MultiMove 系统中执行运动控制。

参数说明如下：

```
MoveAbsJ [\Conc] ToJointPos [\ID] [\NoEOffs] Speed [\V] | [\T] Zone [\Z] [\Inpos] Tool [\WObj]
[\TLoad]
```

其中的[\Conc]、[\ID]、Speed、[\V]、[\T]、Zone、[\Z]、[\Inpos]、Tool、[\TLoad]与 MoveJ 的参数意义相同。

• ToJointPos

数据类型：jointtarget

机械臂和外轴的目的绝对接头位置。其定义为指定位置，或直接存储在指令中（在指令中标有 *）。

• [\NoEOffs]

数据类型：switch

如果参数\NoEOffs 得以设置，则关于 MoveAbsJ 的运动将不受外轴有效偏移量的影响。

• [\WObj]

数据类型：wobjdata

运动期间使用的工件坐标数据。如果由机械臂固定工具，则可以省略该参数。如果机械臂固定工件，即工具保持静止，或采用协调的外轴，则必须指定该参数。

指令执行说明如下：

MoveAbsJ 指令不受有效程序位移的影响，且如果通过开关\NoEOffs 执行，则外轴将不会出现偏移量。未采用开关\NoEOffs 时,目的目标中的外轴将受外轴有效偏移量的影响。通过插入轴角,将工具移动至目的位置,各轴将以恒定的轴速率运动,且所有轴均同时达到目的位置,并且形成一条非线性路径。在 TCP 运动的同时,重定位工具使外轴移动。如果无法达到重定位或外轴的编程速率,则 TCP 的速率将会降低。当运动转移至下一段路径时,通常会产生角路径。如果在区域数据中指定停止点,则仅当机械臂和外轴已达到适当的位置时,才继续执行程序。

应用举例如下:

(1) MoveAbsJ p50, v1000, z50, tool2;

通过速度数据 v1000 和区域数据 z50,机械臂以及工具 tool2 得以沿非线性路径运动至绝对轴位置 p50。

(2) MoveAbsJ ∗, v1000\T: = 5, fine, grip3;

机械臂以及工具 grip3 沿非线性路径运动至停止点,该停止点存储为指令(标有 ∗)中的绝对轴位置。整个运动耗时 5 秒。

(3) MoveAbsJ ∗, v2000\V: = 2200, z40 \Z: = 45, grip3;

工具 grip3 沿非线性路径运动至指令中存储的绝对接头位置。将数据设置为 v2000 和 z40 时,开始运动。TCP 的速率和区域半径分别为 2200mm/s 和 45mm。

(4) MoveAbsJ \Conc, ∗ \NoEOffs, v2000, z40, grip3;

与上面相同的运动,但是该运动不受外轴有效偏移量的影响。

(5) GripLoad obj_mass;
　　MoveAbsJ start, v2000, z40, grip3 \WObj: = obj;

机械臂使与固定工具 grip3 相关的工件 obj 沿非线性路径运动至绝对轴位置 start。

6.3.3　I/O 控制指令

用于控制系统的 I/O 信号,以达到机器人与周边设备进行通信的目的。基本的 I/O 控制指令包括数字信号置位指令 Set、数字信号复位指令 Reset、数字输入信号判断指令 WaitDI、数字输出信号判断指令 WaitDO。其中,DI——机器人输入信号,DO——机器人输出信号。

1. Set 数字信号置位指令

Set 数字信号置位指令用于将数字输出置位为"1"。

参数说明如下:

Set　Signal;

Signal 的数据类型: signaldo。

有待设置为"1"的信号的名称。

指令执行说明如下:

在信号获得其新值之前,存在短暂延迟。如果想要继续程序的执行,直至信号已获得其新值,则可以使用指令 Set DO 以及可选参数\Sync。真实值取决于信号的设置情况。如果在系统参数中反转信号,则该指令将物理通道设置为零。

应用举例如下:

（1）Set do15;

将输出信号 do15 设置为 1。

（2）Set weldon;

将信号 weldon 设置为 1。

2．Reset 数字信号复位指令

用于将数字输出信号的值置位为"0"。

参数说明：

Reset Signal

Signal 的数据类型：signaldo。

有待重置为零的信号的名称。

指令执行说明如下：

真实值取决于信号的配置。如果在系统参数中反转信号，则该指令将物理通道设置为 1。

应用举例如下：

（1）Reset do15;

将信号 do15 设置为 0。

（2）Reset weld;

将信号 weld 设置为 0。

3．WaitDI 数字输入信号判断指令

用于判断数字输入信号的值是否与目标一致，即用于等待已设置数字信号输入系统。

参数说明如下：

WaitDI Signal Value [\MaxTime] [\TimeFlag] [\Visualize] [\Header][\Message] | [\MsgArray][\Wrap] [\Icon] [\Image][\VisualizeTime]

• Signal 数据类型：signaldi。

信号的名称。

• Value

数据类型：dionum

信号的期望值。

• [\MaxTime]

Maximum Time 数据类型：num

允许的最长等待时间，单位 s(秒)。

• [\TimeFlag]

Timeout Flag 数据类型：bool。

如果在满足条件之前耗尽最长允许时间，则包含该值的输出参数为 TRUE。如果指令中不使用 MaxTime 参数，则将忽略该参数。

• [\Visualize]

数据类型：switch。

如果使用该参数,将按编程的参数来显示不同的图形界面。本参数将激活的可视化界面包括未满足条件的消息框、图标、页眉、消息行。

- 〔\Header〕

数据类型:string

将在消息框顶部显示的页眉文字,最多 40 个字符。如果没有使用\Header 参数,则将显示默认的消息。

- 〔\Message〕

数据类型:string。

在显示器上可写入的一行文字,最多 50 个字符。

- 〔\MsgArray〕

数据类型:string。

显示器上需编写的来自数组的若干文本行,同时只可采用参数\Message 或\MsgArray 中的其中一项,最大文本占用 5 行,每行 50 字符。

- 〔\Wrap〕

数据类型:switch。

如果使用参数\Wrap,则参数\MsgArray 中的所有指定字符串均将连接到一个字符串,各单独字符串之间仅存在单间距,并以尽可能少的行显示出来。参数\MsgArray 的各字符串将默认显示在显示器的单独各行。

- 〔\Icon〕

数据类型:icondata。

定义所显示的图标。仅可使用 icondata 型的预定义图标,默认没有图标。

- 〔\Image〕

数据类型:string。

应采用的图像的名称。为了使用自定义的图像,必须将图像放置在系统的 HOME:目录或直接放置在系统中。图像可以是 185×300 像素。如果图像过大,则只从图像左上侧开始显示图像的 185×300 像素部分。

- 〔\VisualizeTime〕

数据类型:num。

FlexPendant 上应出现消息框前的等待时间。如果采用参数\VisualizeTime 和\MaxTime,那么,参数\MaxTime 采用的时间需大于参数\VisualizeTime 采用的时间。不采用参数\VisualizeTime 的情况下,可视化的默认时间为 5s,最小值为 1s,最大值没有限制,分辨率为 0.001s。

指令执行说明如下:

当执行本指令时,如果信号值正确,则本程序仅仅继续执行后续的指令。如果信号值不正确,则机械臂进入等待状态,且当信号修改为正确值时,程序继续执行。

应用举例如下:

(1) WaitDI di4, 1;

仅在已设置 di4 输入后,继续执行程序。

（2）WaitDI grip_status, 0;

仅在已重置 grip_status 输入后,继续程序执行。

（3）WaitDI di1, 1, \Visualize \Header: = "Waiting for signal"
    \MsgArray: = ["Movement will not start until", "the condition
    below is TRUE"] \Icon: = iconError;
    MoveL p40, v500, z20, L10tip;

4. WaitDO 数字输出信号判断指令

用于等待,直至已设置数字信号输出信号,即判断数字输出信号的值是否与目标一致。
参数说明如下:

WaitDO Signal Value [\MaxTime] [\TimeFlag] [\Visualize] [\Header] [\Message] | [\MsgArray] [\Wrap] [\Icon] [\Image] [\VisualizeTime]

- Signal

数据类型: signaldo。

信号的名称。

- Value

数据类型: dionum。

信号的期望值。

- [\MaxTime]

Maximum Time 数据类型: num。

允许的最长等待时间,单位 s(秒)。如果在满足条件之前耗尽该时间,且未使用 TimeFlag 参数,则可通过错误代码 ERR_WAIT_MAXTIME 调用错误处理器。如果不存在错误处理器,则将停止执行。

- [\TimeFlag]

Timeout Flag 数据类型: bool。

如果在满足条件之前耗尽最长允许时间,则包含该值的输出参数为 TRUE。如果该参数包含在本指令中,则不将其视为耗尽最长时间时的错误。如果 MaxTime 参数不包括在本指令中,则将忽略该参数。

- [\Visualize]

数据类型: switch。

如被选中,将激活图形界面,包括未满足条件的消息框、图标、页眉、消息行,将按编程参数来显示图像。

- [\Header]

数据类型: string。

将要写在消息框顶部的页眉文字,最多 40 个字符。如果没有使用\Header 参数,则将显示默认消息。

- [\Message]

数据类型: string。

在显示器上可写入的一行文字,最多 50 字符。

- [\MsgArray]

（Message Array）数据类型：string。

显示器上需编写的来自数组的若干文本行,同时只可采用参数\Message 或\MsgArray
中的其中一项。最大占用 5 行屏幕,每行 50 字符。

- 〔\Wrap〕

数据类型：switch。

如果使用参数\Wrap,则参数\MsgArray 中的所有指定字符串均将连接到一个字符串,
各单独字符串之间仅存在单间距,并以尽可能少的行显示出来。参数\MsgArray 的各字符
串将默认显示在显示器的单独各行。

- 〔\Icon〕

数据类型：icondata。

定义有待显示的图标。仅可使用一种 icondata 型预定义图标。默认没有图标。

- 〔\Image〕

数据类型：string。

应使用的图像的名称。

- 〔\VisualizeTime〕

数据类型：num。

FlexPendant 上应出现消息框前的等待时间。

指令执行说明如下:

当执行本指令时,如果输出信号值正确,则本程序仅仅继续以下指令。如果输出信号值
不正确,则机械臂进入等待状态。当信号改变为正确值时,程序继续挂靠。通过中断来探测
改变,做出快速响应(非查询)。

应用举例如下:

(1) WaitDO do4, 1;

仅在已设置 do4 输出后,继续程序执行。

(2) WaitDO grip_status, 0;

仅在已重置 grip_status 输出后,继续程序执行。

(3) WaitDO do1, 1, \Visualize \Header: = "Waiting for signal"
    \MsgArray: = ["Movement will not start until", "the condition
    below is TRUE"] \Icon: = iconError;
    MoveL p40, v500, z20, L10tip;

6.3.4　条件逻辑判断指令

条件逻辑判断指令通过条件判断后,执行相应的操作,是 RAPID 中重要的组成部分。
包括:

- Compact IF　紧凑型条件判断指令,当一个条件满足了以后,就执行一句指令。
- IF　根据不同的条件去执行不同的指令。
- ROR　重复执行判断指令,是用于一个或多个指令需要重复执行数次的情况。
- WHILE　条件判断指令,用于在给定条件满足的情况下,一直重复执行对应的
  指令。

1. Compact IF

如果满足条件,那么执行……(一个指令),即当单个指令仅在满足给定条件的情况下执行时,使用 Compact IF。如果将执行不同的指令,则根据是否满足特定条件,使用 IF指令。

参数说明如下:

```
IF < conditional expression > ( < instruction > | < SMT > ) '; '
```

conditional expression 满足 bool 型,即必须满足与执行指令相关的条件。

应用举例如下:

(1) `IF reg1 > 5 GOTO next;`

如果 reg1 大于 5,在 next 标签处继续程序执行。

(2) `IF counter > 10 Set do1;`

如果 counter > 10,则设置 do1 信号。

2. IF

如果满足条件,那么……;否则……,根据是否满足条件,执行不同的指令时,使用 IF。
参数说明如下:

```
IF Condition THEN ...
    {ELSEIF Condition THEN ...}
    [ELSE ...]
ENDIF
Condition
```

数据类型: bool
必须满足关于待执行 THEN 和 ELSE/ELSEIF 之间指令的条件。
语法:

```
IF < conditional expression > THEN
    < statement list >
{ ELSEIF < conditional expression > THEN
    < statement list > | < EIT > }
[ ELSE
    < statement list > ]
ENDIF
```

指令执行说明如下:

依次测试条件,直至满足其中一个条件。通过与该条件相关的指令,继续程序执行。如果未满足任何条件,则通过符合 ELSE 的指令,继续程序执行。如果满足多个条件,则仅执行与第一个此类条件相关的指令。

应用举例如下:

```
(1) IF reg1 > 5 THEN
        Set do1;
        Set do2;
    ENDIF
```

仅当 reg1 大于 5 时，设置信号 do1 和 do2。

（2）IF reg1 > 5 THEN
    Set do1;
    Set do2;
ELSE
    Reset do1;
    Reset do2;
ENDIF

根据 reg1 是否大于 5，设置或重置信号 do1 和 do2。

（3）IF counter > 100 THEN
    counter : = 100;
ELSEIF counter < 0 THEN
    counter : = 0;
ELSE
    counter : = counter + 1;
ENDIF

通过 1，使 counter 增量。但是，如果 counter 的数值超出限值 0～100，则向 counter 分配相应的限值。

3. FOR

当一个或多个指令重复多次执行时，使用 FOR 指令。

参数说明如下：

FOR Loop counter FROM Start value TO End value [STEP Step value] DO … ENDFOR
Loop counter

将包含当前循环计数器数值的数据名称自动声明该数据。如果循环计数器与实际存在的任意数据具有相同的名称，则将现有数据隐藏在 FOR 循环中。

• Start value

数据类型：Num。

循环计数器的期望起始值，通常是整数值。

• End value

数据类型：Num。

循环计数器的期望结束值，通常是整数值。

• Step value

数据类型：Num。

循环计数器在各循环的增量（或减量）值（通常为整数值）。如果未指定该值，则自动将步进值设置为 1（或者如果起始值大于结束值，则设置为－1）。

语法：

FOR < loop variable > FROM < expression > TO < expression > [STEP < expression >] DO
    < statement list >
ENDFOR

指令执行说明如下：

（1）评估起始值、结束值和步进值的表达式；

（2）向循环计数器分配起始值；

（3）检查循环计数器的数值，以查看其数值是否介于起始值和结束值之间，或者是否等于起始值或结束值。如果循环计数器的数值在此范围之外，则 FOR 循环停止，且程序继续执行紧接 ENDFOR 的指令；

（4）执行 FOR 循环中的指令；

（5）按照步进值，使循环计数器增量（或减量）；

（6）重复 FOR 循环，从第（3）步开始。

应用举例如下：

（1）`FOR i FROM 1 TO 10 DO`
  `routine1;`
 `ENDFOR`

重复 routine1 无返回值程序 10 次。

（2）`FOR i FROM 10 TO 2 STEP - 2 DO`
  `a{i} : = a{i - 1};`
 `ENDFOR`

将数组中的数值向上调整，以便 a{10}:＝a{9}、a{8}:＝a{7}等等。

4. WHILE

条件判断指令，用于在给定条件满足的情况下，一直重复执行对应的指令。只要给定条件表达式评估为 TRUE 值，当重复一些指令时，使用 WHILE。

参数说明如下：

```
WHILE Condition DO ... ENDWHILE
Condition
```

数据类型：bool。

只有当该参数为 TRUE 时，执行 WHILE 块中指令的值。

语法：

```
WHILE < conditional expression > DO
    < statement list >
ENDWHILE
```

指令执行说明：

（1）评估条件表达式。如果表达式的值为 TRUE，则执行 WHILE 块中的指令。

（2）再次检查条件表达式，如果该结果为 TRUE，则再次执行 WHILE 块中的指令。

（3）继续执行步骤（2），直至表达式结果为 FALSE，终止迭代，并在 WHILE 块后，继续执行后续的程序。如果表达式评估结果在开始时为 FALSE，则不执行 WHILE 块中的指令，且程序控制立即转移至 WHILE 块后的指令。

应用举例如下：

（1）`WHILE reg1 < reg2 DO`
  `...`
  `reg1 : = reg1 + 1;`
 `ENDWHILE`

只要 reg1<reg2,则重复 WHILE 块中的指令。

6.3.5　其他常用指令

ProcCall 为调用例行程序指令,通过使用此指令在指定的位置调用例行程序。

RETURN 为返回例行程序指令,当此指令被执行时,则马上结束本例行程序的执行,返回程序指针到调用此例行程序的位置。

WaitTime 为时间等待指令,用于程序在等待一个指定的时间后,再继续向下执行。

1. ProcCall

过程调用用于将程序执行转移至另一个无返回值程序。当执行无返回值的程序时,程序执行将继续过程调用后的指令。通常有可能将一系列参数发送至新的无返回值程序。其控制无返回值程序的行为,并使相同无返回值程序可能用于不同的事宜。

参数说明如下:

```
Procedure { Argument }
```

• Procedure

待调用无返回值程序的名称。

• Argument

数据类型:符合无返回值程序声明。

无返回值程序参数(符合无返回值程序的参数)。

语法:

```
< procedure > [ < argument list > ] '; '
```

限制:

无返回值程序的参数必须符合其参数:

• 必须包括所有的强制参数;
• 必须以相同的顺序进行放置;
• 必须采用相同的数据类型;
• 必须采用有关于访问模式(输入、变量或永久数据对象)的正确类型。

程序可相互调用,并反过来调用另一个程序。程序也可自我调用,即递归调用。允许的程序等级取决于参数数量,通常允许 10 级以上。

应用举例如下:

(1) weldpipe1;

调用 weldpipe1 无返回值程序。

(2) errormessage;

```
    Set do1;
    ...
    PROC errormessage()
        TPWrite "ERROR";
    ENDPROC
```

调用 errormessage 无返回值程序。当该无返回值程序就绪时,程序执行返回过程调用后的指令 Set do1。

（3）weldpipe2 10, lowspeed;

调用包含两个参数的 weldpipe2 无返回值程序。

（4）weldpipe3 10 \speed: = 20;

调用包含一个强制参数和一个可选参数的 weldpipe3 无返回值程序。

2. RETURN

用于完成程序的执行。如果程序是一个函数,则同时返回函数值。

参数说明如下:

RETURN [Return value]

Return value 数据类型:与所在的函数声明相一致。

必须通过函数中存在的 RETURN 指令,指定返回值。如果指令存在于无返回值程序或软中断程序中,则不得指定返回值。

语法:

RETURN [< expression >]'; '

指令执行说明如下:

根据以下程序的类型,RETURN 指令的结果可能有所不同:

- 主程序:如果程序拥有执行模式单循环,则停止程序,否则,通过主程序的第一个指令,继续执行程序。
- 无返回值程序:通过过程调用后的指令,继续执行程序。
- 函数:返回函数的值。
- 软中断程序:从出现中断的位置,继续执行程序。
- 无返回值程序中的错误处理器:通过调用程序以及错误处理器的程序(通过过程调用后的指令),继续执行程序。
- 函数中的错误处理器:返回函数值。

应用举例如下:

（1）errormessage;

    Set do1;

    …

    PROC errormessage( )

        IF di1 = 1 THEN

           RETURN;

        ENDIF

        TPWrite "Error";

    ENDPROC

调用 errormessage 无返回值程序,如果无返回值程序到达 RETURN 指令,则在 Set do1 过程调用后,程序执行返回指令。

（2）FUNC num abs_value(num value)

    IF value < 0 THEN

        RETURN – value;

    ELSE

        RETURN value;

    ENDIF

    ENDFUNC

函数返回某一数字的绝对值。

3. WaitTime

用于等待给定的时间。该指令也可用于等待，直至机械臂和外轴静止。

参数说明如下：

WaitTime [\InPos] Time

[\InPos]

- In Position

数据类型：switch。

如果使用该参数，则在开始统计等待时间之前，机械臂和外轴必须静止。

- Time

数据类型：num。

程序执行等待的最短时间（单位：秒）为 0 s，最长时间不受限制，分辨率为 0.001 s。

应用举例如下：

（1）WaitTime 0.5;

程序执行等待 0.5 秒。

（2）WaitTime \InPos,0;

程序执行进入等待，直至机械臂和外轴已静止。

6.4 RAPID 程序及指令设置

6.4.1 赋值指令

":="是赋值指令，用于完成程序赋值操作。所赋值可以是一个常量、一个数学表达式、一个数值、字符串等。

例如：

常量赋值：reg1:=5；

数学表达式赋值：reg2:=reg1+4；

1. 常量赋值操作步骤

（1）打开 ABB 菜单，选择"程序编辑器"，选中要插入指令的程序位置，高显为蓝色，单击"添加指令"，打开指令列表，如图 6.11 所示。

（2）在指令列表中选择":="，如图 6.12 所示。

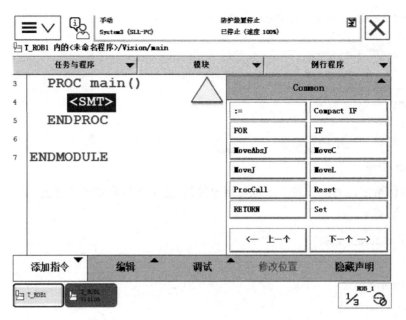

图 6.11　添加指令

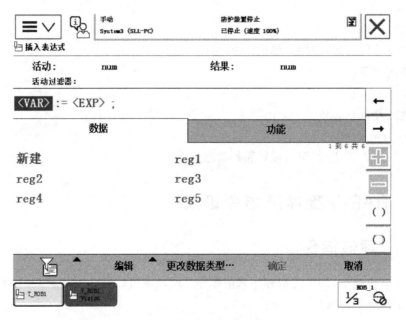

图 6.12　指令表中选择"∶＝"

（3）单击"更改数据类型"，选择 num 数字型数据，并选择 num，如图 6.13 所示。

（4）在图 6.13 中单击"确定"按钮，回到图 6.12，再选中 reg1→EXP，并蓝色高亮显示＜EXP＞，打开"编辑"菜单，选择"仅限选定内容"，如图 6.14 所示。

（5）通过软键盘，输入数字"5"，然后单击【确定】按钮，如图 6.15 所示。

（6）再次单击【确定】按钮，即可看到所添加的指令，完成指令修改，如图 6.16 所示。

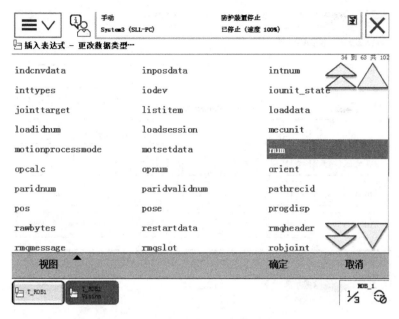

图 6.13　选择 num 数据类型

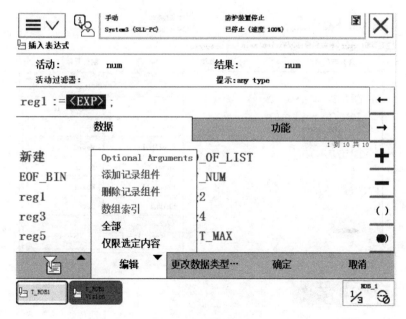

图 6.14　选择 EXP

图 6.15　编辑 EXP

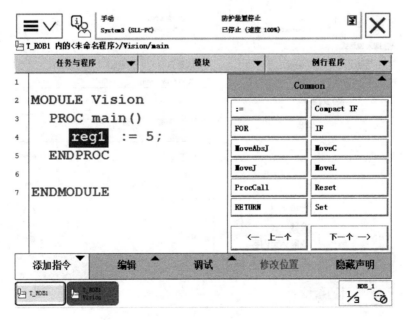

图 6.16　完成指令修改

2. 表达式赋值操作步骤

（1）再次选择【:=】，然后先选中【reg2】，再选中 EXP，显示为蓝色高亮，并选择【reg1】，使图 6.12 中＜VAR＞改为 reg2，＜EXP＞改为 reg1，如图 6.17 所示。

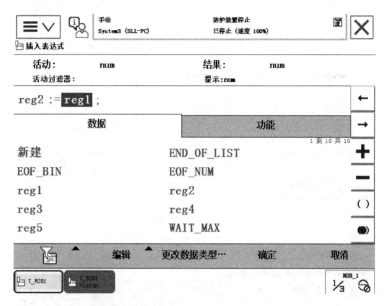

图 6.17 表达式赋值 1

（2）单击右边的【+】按钮，选中 EXP，显示为蓝色高亮，打开【编辑】菜单，选择【仅限选定内容】，如图 6.18 所示。

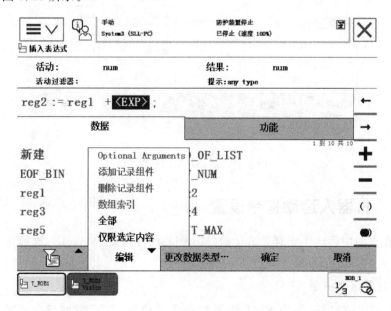

图 6.18 表达式赋值 2

（3）通过软键盘，输入数字"4"，然后单击"确定"按钮，如图 6.19 所示。

（4）再次单击"确定"按钮，单击"下方"，完成表达式赋值指令的添加，如图 6.20 所示。

图 6.19　表达式赋值修改 3

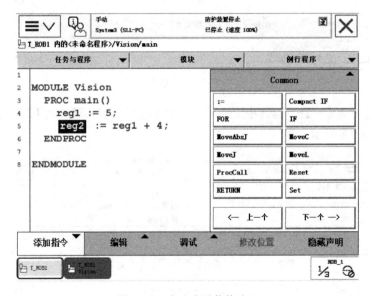

图 6.20　表达式赋值修改 4

6.4.2　机器人运动指令设置

机器人在空间中运动主要有关节运动（MoveJ）、线性运动（MoveL）、圆弧运动（MoveC）和绝对位置运动（MoveAbsJ）4 种方式。

1. 绝对位置运动指令

（1）打开程序编辑器，选中 SMT 为添加指令的位置，打开添加指令菜单，如图 6.21 所示。

（2）选择 MoveAbsJ 指令，如图 6.22 所示。

注：MoveAbsJ 常用于机器人 6 个轴回到机械零点位置，图 6.22 指令说明如表 6.3 所示。

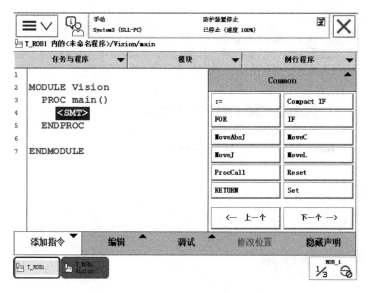

图 6.21　准备添加指令

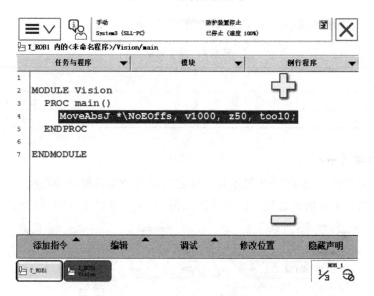

图 6.22　添加 MoveAbsJ 指令

表 6.3　指令说明

参数	含义	参数	含义
*	目标点位置数据	Z50	转弯区数据
\NoEOffs	外轴不带偏移数据	tool0	工具坐标数据
V1000	运动速度数据		

2. 关节运动指令

关节运动指令是在对路径精度要求不高的情况下,机器人的工具中心点 TCP 从一个位置移动到另一个位置,两个位置之间的路径不一定是直线。在图 6.23 中选择 MoveJ 指令,完成指令添加。

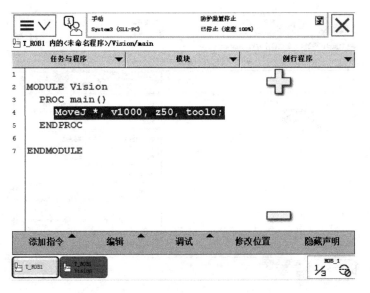

图 6.23　添加 MoveJ 指令

注：MoveJ 常用于机器人大范围运动时使用，指令说明见表 6.4。

表 6.4　指令说明

参数	含 义	参数	含 义
*	目标点位置数据	Z50	转弯区数据
V1000	运动速度数据	tool0	工具坐标数据

3. 线性运动指令

线性运动是机器人的 TCP 从起点到终点之间的路径始终保持为直线。一般如焊接、涂胶等应用对路径要求高的场合使用此指令。在图 6.24 中选择 MoveL 指令。

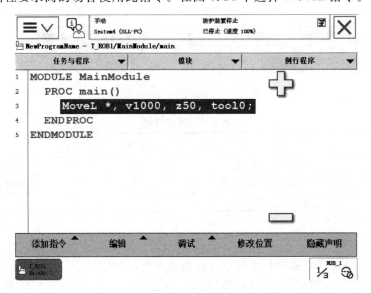

图 6.24　添加 MoveL 指令

4. 圆弧运动指令

圆弧路径是在机器人可到达的空间范围内定义三个位置点，第一个点是圆弧的起点，第二个点用于圆弧的曲率，第三个点是圆弧的终点。在图 6.25 中添加圆弧运动指令。

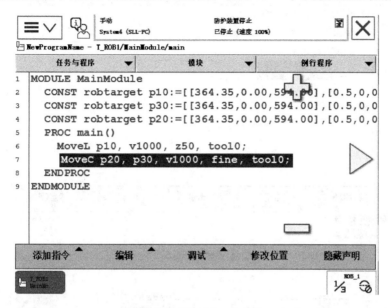

图 6.25　添加 MoveC 指令

注：fine 指机器人 TCP 达到目标点时速度降为零。如果是一段路径的最后一个点，一定要为 fine，如表 6.5 所示。

表 6.5　指令说明

参数	含　义	参数	含　义
P10	圆弧的第一个点	P30	圆弧的第三个点
P20	圆弧的第二个点	Fine	转弯区数据

6.4.3　I/O 控制指令

I/O 控制指令应用于控制 I/O 信号，以达到与机器人周边设备进行通信的目的。

1. Set 数字信号置位指令

Set 数字信号置位指令用于将数字输出置位为"1"。其中 do1 为数字输出信号，如图 6.26 所示。

2. Reset 数字信号复位指令

Reset 数字信号复位指令用于将数字输出置位为"0"，如图 6.27 所示。

3. WaitDI 数字输入信号判断指令

WaitDI 数字输入信号判断指令用于判断数字输入信号的值是否与目标一致，如图 6.28 所示。

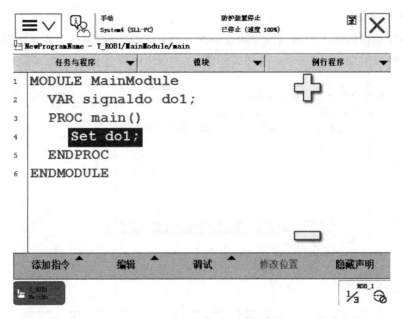

图 6.26 输出端口 do1 置 1

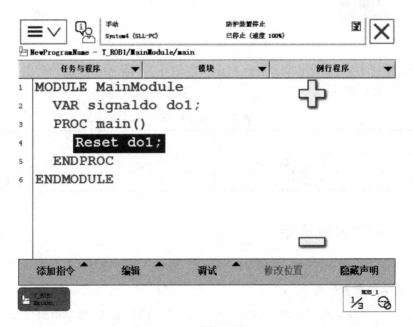

图 6.27 复位输出端口 do1

4. WaitDO 数字输出信号判断指令

WaitDO 数字输出信号判断指令用于判断数字输出信号的值是否与目标一致,如图 6.29 所示。

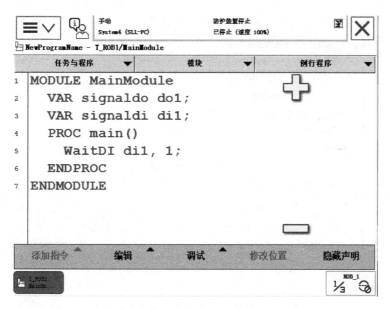

图 6.28 添加 WaitDI 指令

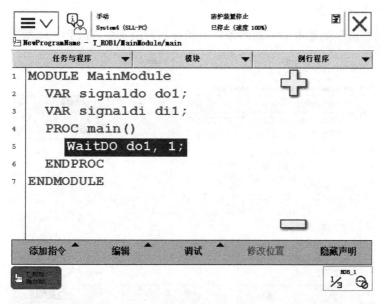

图 6.29 添加 WaitDO 指令

6.4.4 条件逻辑判断指令

条件逻辑判断指令用于对条件进行判断后,执行相应的操作,是 RAPID 中重要的组成部分。

1. Compact IF 紧凑型条件判断指令

Compact IF 紧凑型条件判断指令用于当一个条件满足了以后,就执行一句指令。例如如果 flag1 的状态为 True,则 do1 被置位为 1,如图 6.30 所示。

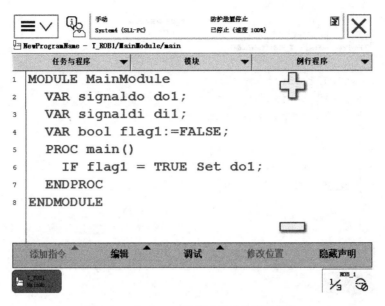

图 6.30 Compact IF 紧凑型条件判断指令

2. IF 条件判断指令

IF 条件判断指令就是根据不同的条件去执行不同的指令,如图 6.31 所示。

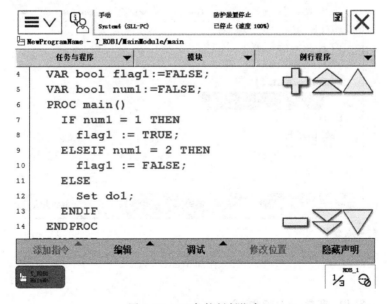

图 6.31 IF 条件判断指令

3. FOR 重复执行判断指令

FOR 重复执行判断指令,是用于一个或多个指令需要重复执行数次的情况。例如将例行程序 Vision 重复执行 10 次,如图 6.32 所示。

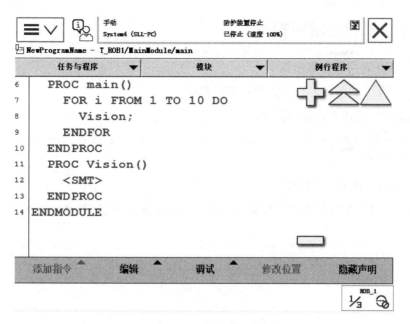

图 6.32 FOR 重复执行判断指令

4. WHILE 条件判断指令

WHILE 条件判断指令用于在给定条件满足的情况下,一直重复执行对应的指令,如图 6.33 所示。

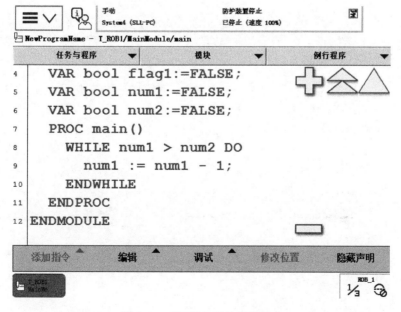

图 6.33 WHILE 条件判断指令

6.4.5 其他的常用指令

1. ProcCall 调用例行程序指令

通过使用此指令在指定的位置调用例行程序。

2. RETURN 返回例行程序指令

RETURN 返回例行程序指令,当此指令被执行时,则马上结束本例行程序的执行,返回程序到调用此例行程序的位置。

3. WaitTime 时间等待指令

WaitTime 时间等待指令用于程序在等待一个指定的时间后,再继续向下执行。

第7章

工业机器人教学系统

随着工业 4.0 技术的到来,工业机器人应用领域也在快速扩张,相比于新一代的工人,企业更喜欢用吃苦耐劳、不要工资的工业机器人,机器代人已成为劳动密集型产业的发展趋势。国内工业机器人应用市场刚刚起步,在汽车制造业、电子电气行业、橡胶及塑料行业、铸造行业、食品行业、化工行业等都需要大量的工业机器人一线操作、编程、设计、应用专业人才,类似以前数控机床发展模式,这些人才的培养需要大量的教育机器人实训设备。

目前,工业机器人主要应用于码垛、搬运和焊接。工业机器人教学平台需要完整地模拟工业机器人自动化生产线,需要具备上下料、喷涂、焊接、打磨、码垛、搬运、装配、视觉识别检测等实际应用功能模块,可以达到基本的实境模拟教学要求。

本书采用由北京博创智联科技有限公司生产的"工业机器人教学系统"来进行案例部分的讲解,该教学系统由机器人本体和机器人工作站构成,采用模块化设计,通过快换系统可完成机器人码垛作业、机器人搬运作业、机器人模拟焊接作业、机器人打磨作业、机器人装配作业和机器视觉分拣等一系列实际应用技术,如图 7.1 所示。

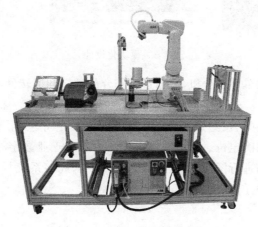

图 7.1　工业机器人教学系统

7.1 工业机器人教学系统的组成

该系统由工业机器人本体(图7.2)、机器人控制柜、机器人示教编程器、机器人工作台、上位机、触摸屏、气路系统、空气压缩机、电控系统、视觉系统、变频调速皮带输送机、变位机、分拣平台、码垛平台、快速交换卡具、自动上料系统、工件组成如图7.3所示。

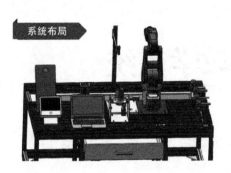

图7.2　系统布局及本体

图7.3　模块化设计

其中,变位机为双轴单座变位机,可通过工作台的翻转和回转使固定在变位机上的工件实现焊接、装配两种功能。快速交换卡具的设计使机器人实现了一机多用的功能(上下料、焊接打磨、码垛、搬运、装配、视觉分拣等),节省了机器人的成本,且每个卡具都有两个定位点,从而实现了快换的精确定位。机器视觉系统采用普通工业数字相机,相比智能相机,可自由开发、编写程序代码进行图像采集、图像处理等。因此该系统具有更好的灵活性,更多的教学点,可完成更多的任务。

7.2　工业机器人教学系统实现的功能

工业机器人教学系统实现的功能如图 7.4～图 7.9 所示。

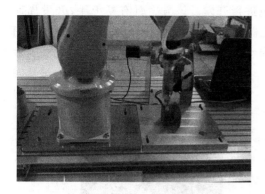

图 7.4　机器人码垛作业

图 7.5　机器人搬运作业

图 7.6　机器人模拟焊接作业

图 7.7　机器人打磨作业

图 7.8　机器人装配作业

图 7.9　机器人视觉分拣作业

7.3 机器视觉开发平台

机器视觉系统推荐使用 Labview(美国 NI 公司开发的工具图形化开发平台)作为开发平台(图 7.10),并调用 NI Vision 的图像工具包进行开发。该方案具有易上手、开发周期短、维护较容易等特点。目前市场上流行的机器视觉工具包有 halcon、VisionPro 和 NI Vision,本书之所以推荐 NI Vision,是因为 NI 对大多数自动化测试所需要的软硬件都有解决方案,软件图形化编程,上手快,开发周期更短,更易接受。而 halcon 和 VisionPro 虽然底层的功能算法很多,运算性能快,但其开发需要一定的软件功底和图像处理理论知识,学习较困难。

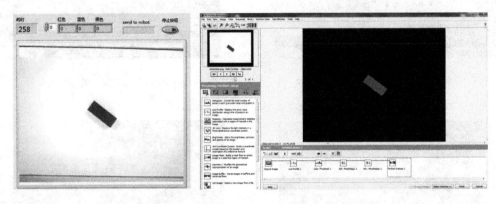

图 7.10　视觉开发平台

第8章

机器人工装

8.1 实验台夹具

8.1.1 机器人夹具概述

工装夹具的设计为机器人项目的重点和难点,机械手的设计与选用在机器人项目中占有比较重要的位置。那么机器人项目的工装夹具是如何设计的呢?下面进行简要说明。

我们以机器人夹持部夹具来讲解:

(1) 明确我们的工作对象,多大多重,将来以多大的加速度运动。

此实验平台的夹持部分为亚克力块,质量约几十克,体积较小,运动速度每秒钟1米以内即可。工件质量也约几十克,体积比亚克力块略大一些,运动速度每秒钟1米以内即可。焊接打磨工具质量约100～200克,运动速度较低。

(2) 工作对象有多少种,是否需要换型。

此机器人的工作对象主要有三种:亚克力块、焊接工件和焊接打磨工具。机械手要夹持三种工件,所以我们考虑用快换夹具来实现三种工作对象的交换。

(3) 工作对象是否有明确的位置。

三种工作对象,焊接工件在工作台上有固定位置。焊接工位则在变位机上,位置较为固定。亚克力块则从传送带上由真空吸盘吸取,可考虑静态吸取和动态吸取两种方式。

(4) 工作对象被夹持后的定位精度需要多少。

这与机器人自身的精度和工装夹具的设计制造精度有关。

工装夹具的基本设计与选型计算要求如下:

① 选择合适的夹持方式

亚克力块表面光洁平整,我们在此实验设计中用真空吸盘吸取。所选工件呈圆形,我们选用四爪气缸抓取。模拟焊枪,我们考虑用仿形件替代。

② 计算夹持力是否足够

此次试验平台所选工件质量都比较轻,所选气缸、真空吸盘等的吸附、夹持力也都以工件质量大小为依据。考虑力足够且不能过大即可。

③ 设计夹爪

亚克力块的抓取,我们考虑使用气动手指。长条形的亚克力条吸取使用两个真空吸盘。圆形的焊接工件,我们选用四爪气缸抓取。

8.1.2 实验台快换工装夹具的设计

实验平台工装夹具的设计考虑在满足实验要求的前提下尽量与机器手同心,不要在抓取工件的过程中造成太大的悬臂,以至影响抓取效果,降低定位点精度。无论是真空吸盘吸取工件,还是四爪气缸抓取工件,或者是机械手抓取焊枪、备用气动手指准备用于抓取其他工件等,都要如此。另外把所有工装夹具固定在一块安装板上形成工具库,使工具摆放整齐、外形美观,快换装置平台如图8.1所示。

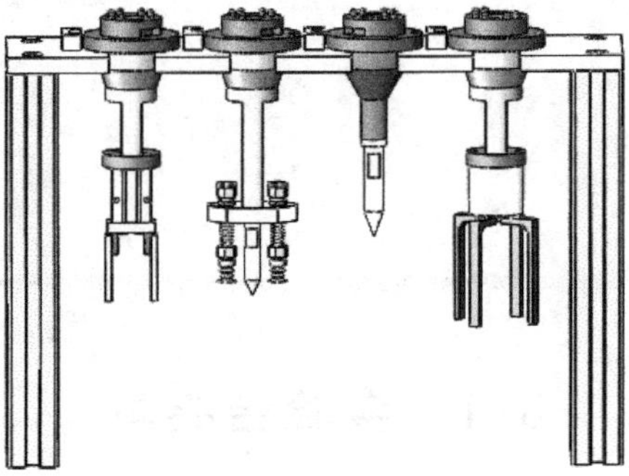

1. 真空吸盘夹具

真空吸盘夹具包括快换夹具、真空吸盘、吸盘金具、吸盘金具固定座及其连接件、定位锥体等。

图 8.1 快换装置平台

2. 四爪抓取夹具

图8.3中上部为快换夹具、四爪气缸、气动夹爪、连接件等组成的抓取夹具。

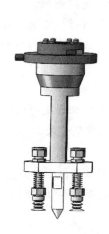

图 8.2 真空吸盘夹具

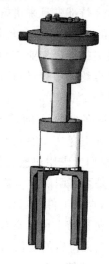

图 8.3 四爪抓取夹具

3. 焊接打磨夹具

图8.4中上部为快换夹具、夹具连接件,下部为焊接、打磨专用夹具。此实验台为学生

示教学习用,焊接打磨仅是示意而已。如有必要可用电动磨头来代替示意锥体部分。当然实现焊接由于结构设备复杂需要专用的焊接设备,我们这里只用示意结构而已。

4. 关键零部件介绍

(1) 机器人工具快换装置(Robotic Tool Changer)

机器人工具快换装置使单个机器人能够在制造和装备过程中交换使用不同的末端执行工具以增加柔性,被广泛应用于实际工业生产中,机器人工具快换装置如图 8.5 所示。

图 8.4   焊接打磨夹具   　　图 8.5   机器人工具快换装置

(2) 四爪气缸

采用 MHS4-25D 四爪气缸,工作压力为 0.1～1.0MPa,该气缸外形美观,结构紧凑,自动定心性好。完全能够满足实验抓取工件的要求。

(3) 焊枪与打磨工具

考虑此实验平台仅供学生示教教学用,不做真正的焊接与打磨。所以采用示意结构代替实际的加工焊接结构。如果要真正实现焊接,需选用专门的焊接机器人,以及专用的焊接设备。

(4) 气动吸盘

采用 MP-15 JE10-15S3 真空吸盘,配安装尺寸 M10 顶端或侧面进气金具。双吸盘吸取小型亚克力块。

8.2   变位机

8.2.1   变位机概述

变位机在焊接领域中被划为焊接辅助设备。近几年来,这一产品在我国工程机械行业有了较大的发展,获得了广泛的应用。变位机有多种类型的产品,其中大部分是焊接变位机。每种型式的焊接变位机,按其功能讲,均包括基本型、调速型、数字程序控制型和机器人配套型等。

另外,某些焊件,由于焊缝分布简单,用一个回转自由度就可以解决焊件中大部分和重要焊缝的焊接要求,其余少量非重要焊缝,虽然不能实施船角焊,但可以实施平角焊。这样,为简化设备造价,工艺上便考虑采用单自由度或功能退化的焊接变位机,即单回转式变位机。根据使用要求,同样也可以增加辅助自由度。例如,升降式和尾架移动式等。

还有一些工位变位机,为适用于焊接工位的工艺要求,这种焊接变位机的某些自由度与施焊无关。还有从工位设计和稳定性考虑,两台或多台焊接变位机合并设计,这样就出现了多种工位变换和组合式多自由度焊接变位机产品。

8.2.2 变位机的结构形式

焊接变位机按结构形式可分为以下三类,如图 8.7 所示。

1. 伸臂式焊接变位机

回转工作台安装在伸臂一端,伸臂一般相对于某倾斜轴成角度回转,而此倾斜轴的位置多是固定的,但有的也可小于 100° 的范围内上下倾斜。该机变位范围大,作业适应性好,但整体稳定性差。其适用范围为 1 吨以下中小工件的翻转变位。在手工焊中应用较多。多为电动机驱动,承载能力在 0.5 吨以下,适用于小型焊件的翻转变位。也有液压驱动的,承载能力大,适用于结构尺寸不大,但自重较大的焊件。

2. 座式焊接变位机

座式焊接变位机工作台有一个整体翻转的自由度。可以将工件翻转到理想的焊接位置进行焊接。另外工作台还有一个旋转的自由度。该种变位机已经系列化生产,主要用于一些管、盘的焊接。该机稳定性好,一般不用固定在地基上,搬移方便。其适用范围为 1～50 吨工件的翻转变位,是目前应用最广泛的结构形式,常与伸缩臂式焊接操作机配合使用。座式变位机通过工作台的回转或倾斜,使焊缝处于水平或船形位置。工作台旋转采用变频无级调速,工作台通过扇形齿轮或液压油缸驱动倾斜。它可以实现与操作机或焊机联控。控制系统可选装三种配置:按键数字控制式、开关数字控制式和开关继电器控制式。该产品应用于各种轴类、盘类、筒体等回转体工件的焊接。是目前应用最广泛的结构形式。

座式变位机根据载重不同,可分为座式变位机和小型座式变位机。

3. 双座式焊接变位机

双座式焊接变位机是集翻转和回转功能于一身的变位机械。翻转和回转分别由两根轴驱动,夹持工件的工作台除能绕自身轴线回转外,还能绕另一根轴做倾斜或翻转,它可以将焊件上各种位置的焊缝调整到水平的或船形的易焊位置施焊,适用于框架形,箱形,盘形和其他非长形工件的焊接。

工作台座在 U 形架上,以所需的焊速回转,U 形架座在两侧的机座上,多以恒速或所需焊速绕水平轴线转动。该机不仅整体稳定性好,而且如果设计得当,工件安放在工作台上以后,倾斜运动的重心将通过或接近倾斜轴线,而使倾斜驱动力矩大大减少。因此,重型变位机多采用这种结构。其适用范围为 50 吨以上重型大尺寸工件的翻转变位,多与大型门式焊接操作机或伸缩臂式焊接操作机配合使用。

本书的教学实验平台上的变位机即为座式焊接变位机,虽然体积与重量都很小,却是简单且实用的设备,如图 8-6 所示。

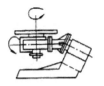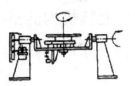

(a) 悬臂式焊接变位机　　　　(b) 单座式焊接变位机　　　　(c) 双座式焊接变位

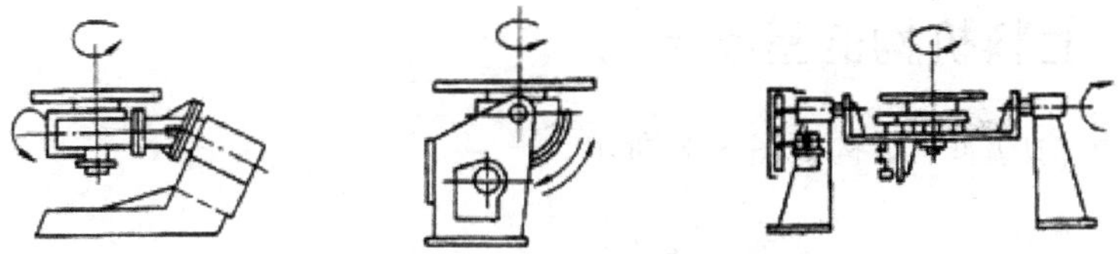

图 8.6　常见的变位机形式

8.2.3　实验平台的变位机

变位机为实验平台的特色部件,其正视图如图 8.7 所示。其工作原理是:由翻转步进电机带动转盘及回转机构翻转,能使变位机工件翻转到一个合适的角度位置。方便机器人靠近变位机到达合适的作业位置。

下部为转盘回转机构,其工作原理是步进电机、减速机连接小齿轮、大齿轮,齿轮轴带动转盘实现回转。

转盘的回转为工件的模拟焊接。在工件上已经模拟焊缝制作出了螺旋焊缝轨迹。机器手抓取焊枪对准焊缝起始点,调整焊接角度开始焊接,步进电机回转工件做螺旋运动同时机器手带动焊枪运动完成焊接轨迹行走。

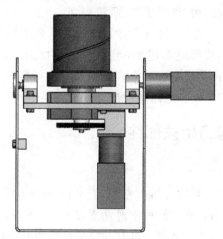

图 8.7　变位机正视图

8.3　上料机构

8.3.1　上料机构概述

给料机构从顶部上料,上料滑道间隙前后左右均为 3 毫米。推出亚克力块上间隙也为 3 毫米。不同大小的亚克力块将不能利用同一个上料机构。为使整机结构紧凑,此次设计采取上板推料方式。此种推料方式为目前大多数公司普遍采用的推料方式。

8.3.2 上料机构的基本结构

现有上料机构的基本结构如图 8.8 所示。

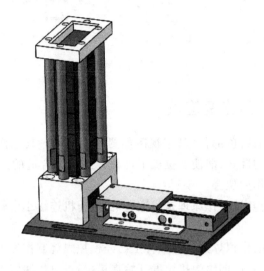

图 8.8 上料机构

上板及底板均采用铝制结构,外形美观、质量轻巧、加工方便,与桌面铝型材颜色相近。6 根立柱采用不锈钢装饰杆。底部安装板两侧开有长孔,便于同铝型材桌面进行连接安装且可前后调整。前端设有斜坡可使亚克力块到位后沿斜坡滑落,避免突然坠落现象。气缸两侧均设安装板,使整体结构美观左右对称。推料采取上板推料的方式,结构紧凑,节约了有效空间。安装板左右两侧均设有气路连接孔,便于安装。

8.3.3 上料机构的相关部件

1. 气缸

上料气缸采用亚德客 TR 系列双轴气缸。内径 10 行程 80。该气缸不回转精度高,活塞杆挠度小,适用于精确导向;采用加长型滑动支撑导向,无须加润滑油,导向性能好。固定板三面都有安装孔,便于多工位加载。具有一定的抗弯曲及抗扭转性能,能承受一定的侧向负载,本体除轴向外都有安装孔,为客户提供多重定位安装方式,气缸两侧有两组进、排气孔供实际需要时使用。

2. 亚克力块(工件)

上料工件选取亚克力材料,原因为:

(1) 亚克力质量较轻,便于真空吸盘吸取。倘若做成钢件,则最好选用电磁吸盘。

(2) 亚克力能制造成多种颜色,便于相机识别。

(3) 亚克力表面光洁度好易于加工,质量较轻,便于上料机构送料。如做成尼龙材质不但颜色单一而且表面光洁度也很难做得如亚克力块那么光洁。

8.4 传送带

8.4.1 皮带传送机概述

皮带输送机是一种输送量大、运行费用低、使用范围广的输送设备,按其支架结构分为固定式和移动式两种;按输送材料分为胶带输送机、塑料带输送机和钢带输送机。输送机的工作环境温度一般在 $-10°$ 至 $+40℃$,要求物料温度不超过 $70℃$;耐热橡胶带可输送 $120℃$ 以下的高温物料。物料温度更高时不宜采用胶带输送机。当输送具有酸性碱性油类物质和有机溶剂等成分的物料时,需采用耐油、耐酸碱的橡胶带或塑料带。皮带输送机的带宽有多种。用户可根据皮带输送机的输送高度,物料的种类、容量、输送量、输送长度等诸因素通过计算确定输送机的布局以及所选用的胶带宽度、帆布层数和胶带厚度。

8.4.2 皮带传送机的基本要求

皮带传送机,输送速度为 $0\sim20m/min$ 连续可调,调速方式为交流调速器调速。皮带宽度为 $200mm$,皮带长 $1500mm$。电机功率 $60W$,转速 $1300/1600$ 转/分,考虑用减速电机配合一级齿轮传动以实现降速来达到低速且延长机电产品的使用寿命的要求。作为机械或工业电气自动化专业的学生而言,要明白其原理、弄清其结构。要求能选型、会设计。

第9章

电气控制与PLC应用

9.1 电气控制接线部分

1. PLC 与 Robot 接线

PLC 的 L、N 接 220VAC。当 S/S 端接 24V＋时，X0～Xn 均接 0V，当 S/S 接 0V 时，X0～Xn 均接 24V＋。

ABB 机器人输入输出均为高电平有效，当 PLC 与 ABB 机器人 I、O 对接时首先要保证 Robot 与 PLC 要用同一块控制电源。如果 PLC 的使能端子 S/S 接 24V，Robot 输出端要通过中间继电器将信号转为低电平给 PLC，同时 PLC 输出也要输出通过中间继电器转为高电平给 Robot 输入端；如果 PLC 的使能端子 S/S 接 0V，Robot 输出端可以直接与 PLC 的输入端对接，PLC 的输出端依旧要通过中间继电器将低电平转为高电平给 Robot 输入端。

说明：市场上常见的 PLC 输出都是 NPN，如果所用的 PLC 是 PNP 的，PLC 的输出端可以与 Robot 的输入端直接对接。

2. PLC 与行程开关接线

机械式的行程开关为机械触点，可以接 250VAC 或者 250VDC，将电源接到行程开关 COM 点，另一点根据需要选择开点或者闭点接到 PLC 上面。如果 PLC 的使能端 S/S 接 0，那么行程开关的 COM 端应该为 24V。如果 PLC 的使能端 S/S 接 24V，那么行程开关的 COM 端应该接 0。这样直接对接 PLC 可以收到信号，如果工程需要不能满足时，那么要通过中间继电器将信号高低电平转换后对接。

9.2 PLC 控制应用实例

9.2.1 变位机的 PLC 控制

1. 变位机驱动器简介

DSP42 是数字式步进电机驱动器,采用最新 32 位 DSP 技术,可以设置 512 内的任意细分以及额定电流内的任意电流值,能够满足大多数场合的应用需要。由于采用低速、中速抗共振技术,内置细分技术,即使在低细分的条件下,也能够达到高细分的效果,低中高速运行都很平稳,噪声很小。驱动器内部集成了参数自动整定功能,能够针对不同电机自动生成合适运行参数,最大限度发挥电机的性能。

主要应用领域为:适合各种中小型自动化设备和仪器,例如打标机、雕刻机、切割机、激光照排、医疗、绘图仪、数控机床、自动装备设备等。在期望小噪声、高平稳性、高精度的设备中应用效果特佳。

2. 驱动器使用说明

驱动器接口说明见表 9.1。

表 9.1　驱动器接口说明

信号接口	OPTO 接光耦驱动电源正端,PUL 接脉冲控制端,DIR 接方向控制端,ENA 接使能端
电机接口	A＋和 A－接步进电机 A 相绕组的正负端,B＋和 B－接步进电机 B 相绕组的正负端,当 A、B 两相绕组调换时,可使电机方向反向
电源接口	采用直流电源供电,工作电压范围建议为 18～40VDC,电源功率大于 100W
指示灯	驱动器有红绿两个指示灯。其中绿灯为电源指示灯,当驱动器上电后绿灯常亮;红灯为故障指示灯,当出现过压、过流故障时,故障灯常亮。故障清除后,红灯灭。当驱动器出现故障时,只有重新上电和重新使能才能清除故障
安装说明	驱动器的外形尺寸为 86mm×55.5mm×20.5mm,安装孔距为 78mm。可以卧式和立式安装,建议采用立式安装 安装时,应使其紧贴在金属机柜上以利于散热

电流值由开关 SW1、SW2、SW3 选择,见表 9.2。

表 9.2　电流值拨码表

输出峰值电流	输出参考电流	SW1	SW2	SW3
Default		ON	ON	ON
0.5A	0.35A	OFF	ON	ON
1A	0.7A	OFF	OFF	ON
1.3A	0.9A	ON	ON	OFF
1.6A	1.2A	OFF	ON	OFF
1.9A	1.4A	ON	OFF	OFF
2.2A	1.6A	OFF	OFF	OFF

细分数由 SW5、SW6 选择,见表 9.3。

表 9.3　细分数拨码表

步数/转	SW5	SW6
Default	ON	ON
1600	OFF	ON
3200	ON	OFF
6400	OFF	OFF

3. PLC 与变位机接线图

图 9.1 为 PLC 与步进电机驱动器,以及步进电机驱动器与步进电机接线示意图。

- 步进电机驱动器使能端可悬空,默认为使能状态。
- PLC 应选用晶体管类型,本款 PLC 的输出端 Y0、Y1、Y2 为高速脉冲输出端。
- 步进电机线黑绿为一组,对应驱动器的 A+,A−;红绿为一组,对应驱动器的 B+,B−。交换 AB 两组接线,电机将会反向。
- 步进电机确定相组方法。每组两根线间电阻相当,A 相与 B 相之间不通。

4. PLC 程序部分

控制程序说明如下:

(1) X20、X22 为 Robot 给 PLC 信号,接线原理可参照第 3 章。

(2) M 为中间变量点。

(3) 因为立体库也需要两个高速输出口,所以与变位机用了同样的 Y 点。为了避免 PLC 发脉冲的时候变位机与立体库同时动作,所以用 M1 做了软件限制。M1 为 1 时,变位机使能,立体库去使能;M1 为 0 时,变位机去使能,立体库使能。

(4) M21 对应 HMI 上面的横轴"正方向按钮"。

(5) 监视脉冲功能:Y0 输出时,M8340 为 1,Y0 不输出时,M8340 为 0;同样,M8350 是 Y1 的监视脉冲。

(6) M610 与 X20 区别,因为机器人给 PLC 为脉冲信号,这个时间不足以让变位机相应动作完成,所以利用中间变量 M610 过渡。

(7) M502 与 M604 为 0 角度禁止旋转限制,在 PLSY 与 DPLSY 中,如果脉冲值设为 0,点动作时,相应电机就会变成点动功能。因为变位机设置好位置后配合 Robot 动作,所以调试时不允许点动。

(8) PLSY 指令介绍。

PLSY　S1　S2　Y0;S1 为脉冲频率,S2 为脉冲数,Y 在这款 PLC 中可选择 Y0,Y1,Y2 高速脉冲口。如果输出脉冲较多,可用 DPLSY 指令。

(9) D20、D30 为触摸屏上数值输出原件。按照图 9.2 所示设置比例变换。98900 为变位机旋转一圈所需要的脉冲,这样 360 与 98900 做相应比例转换,触摸屏上面写上角度,PLC 里面自动读取到该角度需要旋转多少脉冲。

PLC 变位机控制程序部分如图 9.3 所示。

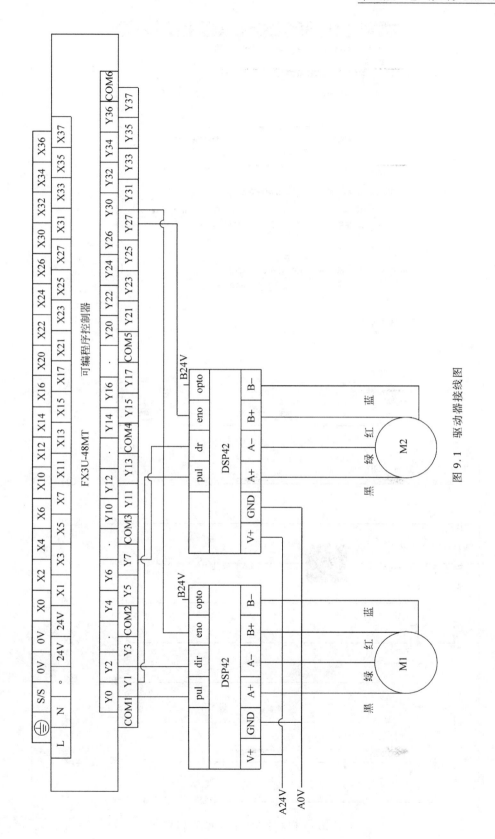

图 9.1 驱动器接线图

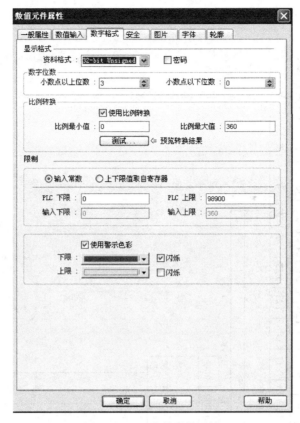

图 9.2 D20 数值元件属性

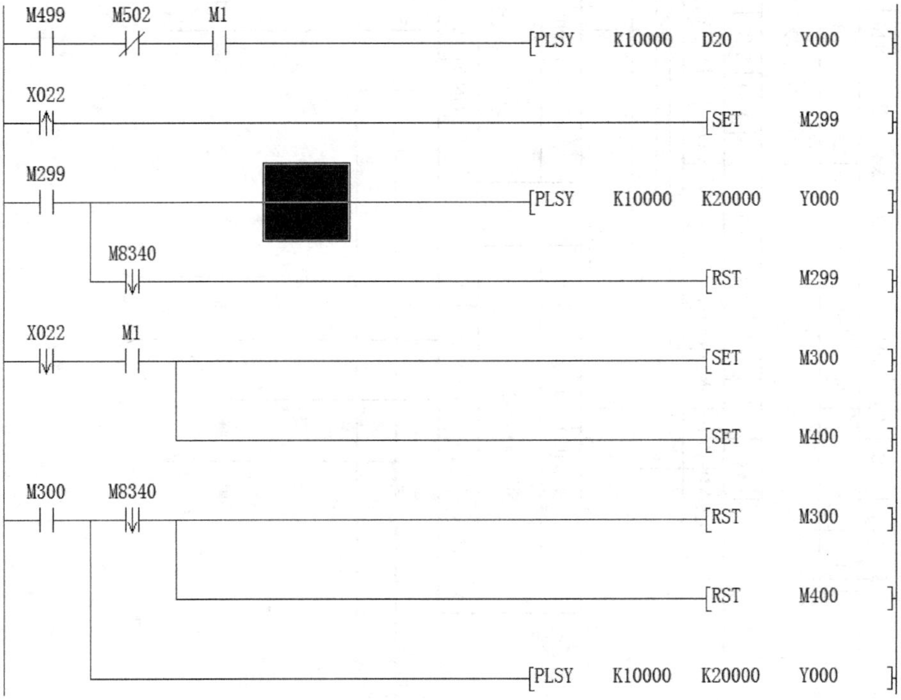

图 9.3 PLC 变位机控制程序片段

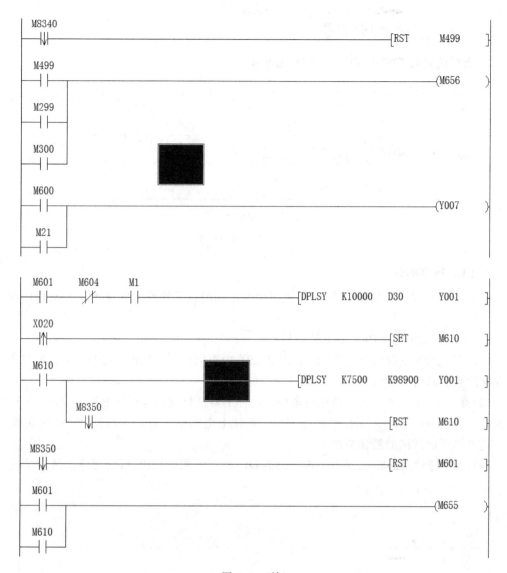

图 9.3 （续）

关于 PLC 所使用的软元件说明见表 9.4。

表 9.4 PLC 软元件说明

信号	解　释	信号	解　释
X20	Robot 给变位机旋转	X22	Robot 给变位机翻转
M1	变位机使能切换开关	M21	横轴方向按钮
M299	Robot 给变位机翻转中间脉冲	M300	M299 反转后回复位置
M8340	Y0 输出监视脉冲	M8350	Y1 输出监视脉冲
M600	HMI 变位机竖轴方向	M601	HMI 变位机竖轴移动
M502	HMI 给变位机横轴 0 角度禁止移动	M604	HMI 给变位机竖轴 0 角度禁止移动
M610	Robot 给 PLC 自动旋转脉冲缓冲	D20	HMI 横轴移动角度
D30	HMI 竖轴移动角度		

9.2.2　自动上料装置

1. 上料装置与 PLC 之间的接线图（图 9.4）

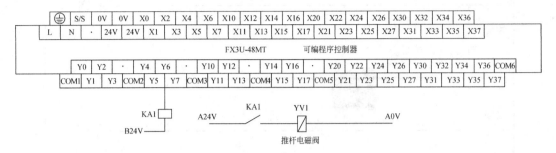

图 9.4　上料装置接线图

2. PLC 程序部分

PLC 上料装置程序如图 9.5 所示，程序中所用到的软元件说明见表 9.5，控制程序说明如下：

（1）X7 是机器人给 PLC 的推杆信号。

（2）T5 与 T6 是时间继电器，T5 计时到 D10 中存储的数值的时候输出，T6 计时到 D11 中存储的数值的时候输出。

（3）T5 与 T6 组成一个振荡输出电路。这样上料推杆就可以循环上料了，时间由 HMI 上面输入。找到与 Robot 配合的最佳节拍。系统上电默认推杆动作时间为 1s，周期为 10 秒。这是出厂前调试的最佳节拍。

（4）当推杆时间 D10 大于等于推杆周期 D11 的时候限制输出，因为理论上是错误的。

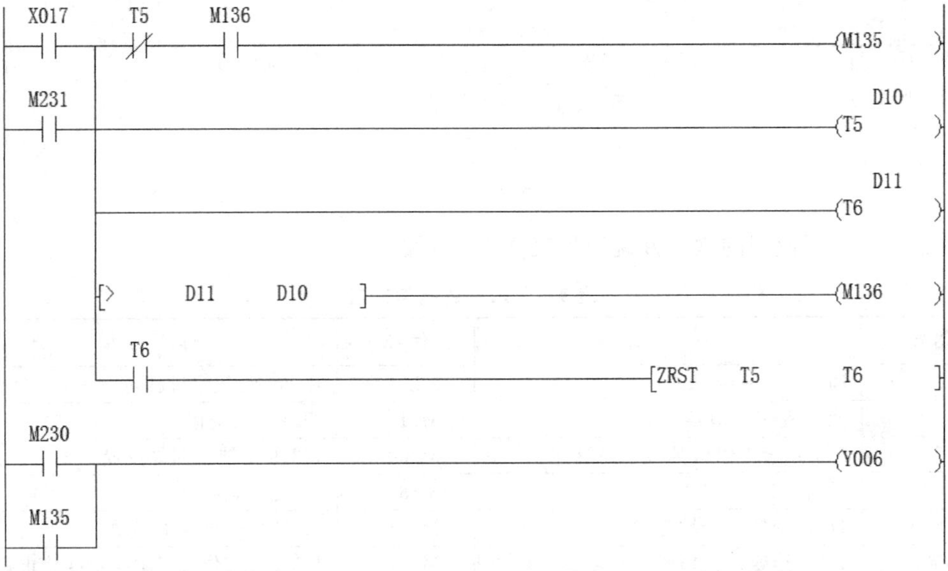

图 9.5　PLC 上料装置程序片段

表 9.5　PLC 软元件说明

信号	解　释	信号	解　释
X17	推杆连续程序	Y6	推杆输出
M136	自动推杆脉冲限制	M135	自动推杆脉冲
M231	HMI 自动推杆按钮	M230	HMI 推杆按钮
D11	HMI 输入推杆时间	D10	HMI 输入推杆时间
T5	推杆进时间	T6	推杆周期时间

（5）ZRST　S1　S2，S 可以是 M、D、T、S 等。例如：ZRST　M0　M100，执行这条语句的时候 M0 到 M100 所有的中间继电器将置 0。

（6）Y6 控制推杆气缸的电磁阀动作。

第10章

气压传动与气动系统

10.1 气动系统介绍

气动是"气动技术"或"气压传动与控制"的简称。气动技术是以空气压缩机为动力源，以压缩空气为工作介质，进行能量传递或信号传递的工程技术，是实现各种生产控制、自动控制的重要手段之一。

随着工业机械化和机器人自动化的发展，气动技术广泛应用在生产自动化的各个领域。

组成气动回路是为了驱动用于各种不同目的的机械装置。其最重要的三个控制内容是：力的大小、运动方向和运动速度。与生产装置相连的各种类型的气缸，靠压力控制阀、方向控制阀和流量控制阀分别实现对三个内容的控制。

气压传动系统可分为5个部分，它们是：

(1) 气源装置。它是一种获得压缩空气的装置。其主体部分是空气压缩机，它将原动机供给的机械能转变为气体的压力能。

(2) 控制元件。主要用来控制压缩空气的压力、流量和流动方向，以便使执行机构完成预定的工作循环。它包括各种压力控制阀、流量控制阀和方向控制阀等。

(3) 执行元件。它是将气体的压力能转换成机械能的一种能量转换装置。包括气缸、气马达、摆动马达。

(4) 辅助元件。辅助元件是保证压缩空气的净化、元件的润滑、元件间的连接及消声等所必需的，它包括过滤器、油雾气、管接头及消声器等。

(5) 真空元件。主要指真空气路中的各种组成元件，包括真空发生器、真空吸盘、真空压力开关、真空过滤器等。

10.2　部分气动元器件介绍

10.2.1　气源装置

气源装置为气动系统提供足够清洁和干燥且具有一定压力和流量,并具有一定净化程度的压缩空气,以满足气压传动和控制的要求,作为驱动气源,可满足执行元件克服负载力(或转矩)并以一定速度(或角速度)运行;作为控制用气源和测量用气源,应保证气动控制元件和气动传感器正常工作,因此它是气动系统的一个重要组成部分。

1. 空气压缩机

空气压缩机是产生压缩空气的气压发生装置,作为气动系统的动力源,它把电机输出的机械能转换成气压能输送给气压系统(图 10.1)。

空气压缩机按工作原理主要可分为容积型和速度型两类。目前,使用最广泛的是活塞式压缩机。

图 10.1　空气压缩机

2. 气动三联件

气水分离器、减压阀和油雾器一起被称为气动三大件(图 10.2),三大件无管连接而成的组件称为三联件。三联件是多数气动系统中不可缺少的气源装置,安装在用气设备近处,是压缩空气质量的最后保证。三大件的安装顺序依进气方向分别为气水分离器、减压阀和油雾器。在使用中可以根据实际要求采用一件或两件,也可多于三件。

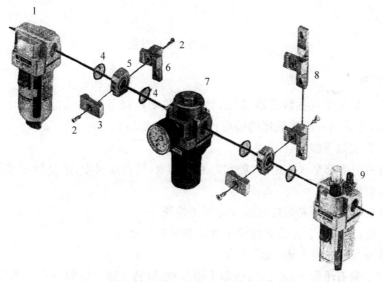

图 10.2　气动三联件的模块式连接

1—气水分离器;2—紧定螺钉;3—连接块;4—密封圈;5—接头;
6—L形托架;7—减压阀;8—T形托架;9—油雾器

10.2.2 气动执行元件——气缸

气缸是把压缩空气的压力能转换成往复运动的机械能的装置,是气动系统的一类执行元件。气缸一般由缸体、活塞、活塞杆、前端盖、后端盖及密封件等组成的。根据使用条件不同,其结构、形状也有多种形式。其分类方法也很多,常用的有以下几种:

(1) 按活塞端面上受压状态分为单作用气缸和双作用气缸。

(2) 按结构特征分为活塞式气缸、柱塞式气缸、叶片式摆动气缸、膜片式气缸、气-液阻尼缸等。

(3) 按功能分为普通气缸和特殊功能气缸。普遍气缸一般指活塞式单作用气缸和双作用气缸,用于无特殊要求的场合。特殊功能气缸用于有特殊要求的场合,如气-液阻尼缸、膜片式气缸、冲击气缸、回转气缸、伺服气缸、数字气缸等。

(4) 按外形分为标准气缸和特殊外形气缸。

1. 标准气缸

标准气缸的结构和参数都已标准化、系列化、通用化。并由专业厂家生产,在设计气缸时最常选用的就是这种气缸。

本书案例中的工作站选用了双作用双轴气缸(图 10.3(d))来作为上料机构的动力装置,双作用气缸的开关动作都是通过气源来驱动执行的;此外,双轴的气缸相对于单轴还具有更好的导向性和刚性。

| (a) | (b) | (c) | (d) |

图 10.3 几种常见的气缸

2. 手指气缸

气动手指气缸能实现各种抓取功能,是现代气动机械手的关键部件,如图 10.4 所示。在抓取技术中,完善的功能和最佳的适应性是至关重要的。

手指气缸具有以下特点:

(1) 所有的结构都是双作用的,能实现双向抓取,可自动对中,重复精度高。

(2) 抓取力矩恒定。

(3) 在气缸两侧可安置无接触式行程开关检测。

(4) 耗气量低,适合于含油雾的或不含油雾的压缩空气。

(5) 有多种安装连接方式,安装方便。

手指气缸主要有平行手指气缸、摆动手指气缸、旋转手指气缸和三点手指气缸 4 种结构形式。

3. 气缸使用注意事项

(1) 气缸一般正常工作的环境温度为 $-35°\sim+80℃$ 。

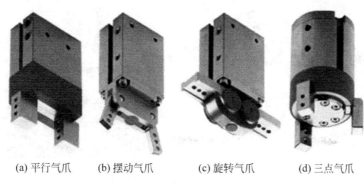

| (a) 平行气爪 | (b) 摆动气爪 | (c) 旋转气爪 | (d) 三点气爪 |

图 10.4　常见的手指气缸

（2）安装前进行压力试验，不应漏气。

（3）除无油润滑气缸外，装配时所有相对运动工作表面应涂以润滑脂。

（4）安装的气源进口处应设置油雾器对气缸进行润滑，不允许用油润滑时，可采用无油润滑气缸。

（5）安装时注意活塞杆应尽量承受拉力载荷，承受推力载荷时应尽可能使载荷作用在活塞杆的轴线上。活塞杆不允许承受偏心或横向载荷。

（6）在行程中载荷有变化时，应使用输出力充裕的缸，并要附设缓冲装置。在开始工作前，应将缓冲节流阀调至缓冲阻尼最小位置，气缸正常工作后，再逐渐调节缓冲节流阀，增大缓冲阻尼，直到合适为止。

（7）多数情况下不使用满行程，特别是当活塞杆伸出时，不要使活塞与缸盖相碰。

（8）要针对各种不同形式的安装要求正确安装，这是保证气缸正常工作的前提。

4. 机器人工具快换装置

机器人工具快换装置（Robotic Tool Changer）（图 10.5）是一种特殊的气动执行机构，如图 10.5 所示。它通过使机器人自动更换不同的末端执行器或外围设备，使机器人的应用更具柔性。这些末端执行器和外围设备包含例如点焊焊枪、抓手、真空工具、气动和电动马达等。工具快换装置包括一个机器人侧用来安装在机器人手臂上，还包括一个工具侧用来安装在末端执行器上。工具快换装置能够让不同的介质例如气体、电信号、液体、视频、超声等从机器人手臂连通到末端执行器。机器人工具快换装置的优点在于：

（1）生产线更换可以在数秒内完成；

（2）维护和修理工具可以快速更换，大大降低停工时间；

（3）通过在应用中使用一个以上的末端执行器，从而使柔性增加；

（4）使用自动交换单一功能的末端执行器，代替原有笨重复杂的多功能工装执行器。

机器人工具快换装置使单个机器人能够在制造和装备过程中交换使用不同的末端执行器增加柔性，被广泛应用于自动点焊、弧焊、材料抓举、冲压、检测、卷边、装配、材料去除、毛刺清理、包装等操作。另外，工具快换装置在一些重要的应用中能够为工具提供备份工具，有效避免意外事件。相对人工需数小时更换工具，工具快换装置自动更换备用工具能够在数秒钟内完成。同时，该装置还被广泛应用在一些非机器人领域，包括托台系统、柔性夹具、人工点焊和人工材料抓举。

图 10.5　机器人工具快换装置

10.2.3　气动控制元件

气动控制元件用来控制压缩空气的压力、流量和流动方向,以保证执行元件具有一定的输出力和速度并按设计的程序正常工作。包括压力控制阀、流量控制阀、方向控制阀、气动逻辑元件等,如图 10.6 所示。

1. 常用的几种电磁阀

换向阀的切换通口包括入口、出口和排气口。通常根据使用目的选择换向阀的通路数。换向阀的切换状态称为"位置",有几个切换位置就称为几位阀。图 10.7 展示了常用的几种电磁阀。

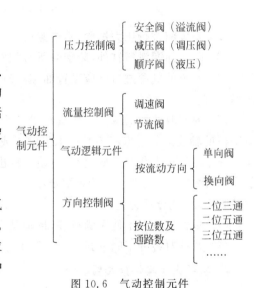

图 10.6　气动控制元件

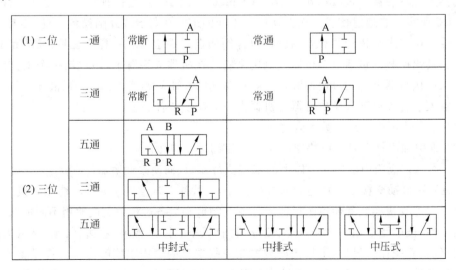

图 10.7　常用电磁阀

2. 电磁阀原理和常规用法

二位三通电磁阀通常与单作用气动执行机构配套使用。二位是两个位置可控：开-关，三通是有三个通道通气。一般情况下一个通道与气源连接，一个与执行机构的进气口连接，一个与排气口连接，具体的工作原理可以参照单作用气动执行机构的工作原理。在气路上来说，二位三通电磁阀具有一个进气孔（接进气气源）、一个出气孔（提供给目标设备气源）、一个排气孔（一般安装一个消声器）。

二位五通电磁阀通常与双作用气动执行机构配套使用。二位是两个位置可控：开-关，五通是有五个通道通气：其中一个与气源连接，两个与双作用气缸的外部气室的进出气口连接，两个与内部气室的进出气口接连。具体的工作原理可参照双作用气动执行机构工作原理。二位五通电磁阀具有一个进气孔（接进气气源）、一个正动作出气孔和一个反动作出气孔（分别提供给目标设备的一正一反动作的气源）、一个正动作排气孔和一个反动作排气孔（安装消声器）。

10.2.4　真空元件

以真空吸附为动力源，作为实现自动化的一种手段，已在电子、半导体元件组装、汽车组装、自动搬运机械、轻工机械、食品机械、医疗机械、印刷机械、塑料制品机械、包装机械、锻压机械、机器人等许多方面得到广泛的应用，例如：

（1）真空包装中，包装纸吸附、送标、贴标、包装袋开启；

（2）电视机的显像管、电子枪加工、运输、装配；

（3）印刷机械中的双张、折面的检测、印刷纸张的运输；

（4）玻璃搬运和装箱；

（5）真空成型、真空卡盘等；

（6）机械手抓起重物。

真空发生装置有真空泵和真空发生器两种。真空泵是吸入形成负压，排气口直接通大气，两端压力比很大的抽除气体的机械。真空发生器是利用压缩空气的流动而形成一定真空度的气动元件。

真空吸附回路是由真空泵或真空发生器产生真空并用真空吸盘吸附物体，以达到吊运物体的目的。

1. 真空吸盘

吸盘是直接吸吊物体的元件（图 10.8）。吸盘通常是由橡胶材料与金属骨架压制成型的。制造吸盘所用的各种香蕉材料性能各有不同，如橡胶材料长时间在高温下工作则使用寿命变短。硅橡胶的适用温度较宽，但在湿热条件下工作则性能变差。吸盘的橡胶出现脆裂是橡胶老化的表现。除过度使用的原因外，大多由于受热或光照所致，故吸盘宜保存在冷暗的室内。

以 SMC 为例，吸盘常见的形式可分为：平型、带肋平型、深型、薄型、带肋薄型、重载型、重载风琴型、长圆型、大型、抗经典型、长行程带缓冲型、洁净型等等。

图 10.8 显示了几种吸盘的结构安装形式。

图 10.8 几种常见的真空吸盘

2. 真空发生器

典型真空发生器是由先收缩后扩张的拉瓦尔喷管、负压腔和接收管等组成。有供气口、排气口和真空口。当供气口的供气压力高于一定值后,喷管射出超声速射流。由于气体的黏性,高速射流卷吸走负压腔内的气体,使该腔形成很低的真空度。在真空口处接上真空吸盘,便可吸起重物,如图 10.9 所示。

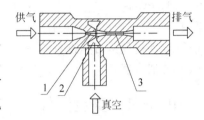

图 10.9 真空发生器原理
1—供气口;2—真空接口;3—排气口

10.3 机器人本体接口

ABB IRB120 空气管线与用户信号线缆从底脚至手腕全部嵌入机身内部,易于机器人集成。在机身内部集成了 10 路信号电缆和 4 路空气管线,使得其与外围设备的连接、控制更加方便、简洁。

图 10.10 显示了外部连接在底座上的连接位置,接口详细说明如表 10.1 所示。

表 10.1 外部连接在底座上的接口详细说明

位置	连接	描述	参数
A	R1. CP/CS	客户电力/信号	49V,500mA
B	空气	最大 5bar	内壳直径 4mm

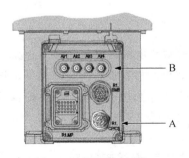

图 10.10 机器人底座接口

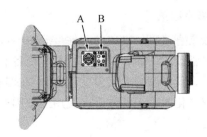

图 10.11 机器人手臂接口

图 10.11 显示了在机器人上臂壳的连接位置,接口详细说明如表 10.2 所示。

表 10.2　机器人上臂壳的接口详细说明

位置	连　接	描　述	参　数
A	R3. CP/CS	客户电力/信号	49V,500mA
B	空气	最大 5bar	内壳直径 4mm

10.4　工作站气动系统实例

本系统由机器人控制柜及 PLC 共同控制,可实现控制快换工具的切换、上料机构(气缸)的开闭、手指气缸的开闭、真空的产生与破坏、真空与压力气路的相互转换。

本工作站的气压控制系统包含以下元件:

(1) 气源装置——空压机;

(2) 气动三联件(气水分离器、减压阀、油雾器);

(3) 二通五位电磁阀;

(4) 开关阀;

(5) 双轴气缸;

(6) 圆形手指气缸;

(7) 真空吸盘;

(8) 真空发生器;

(9) 流量调节阀;

(10) 气压传感器;

(11) 6×4 尼龙气管、管接头、三通、五通、密封带等辅件。

1. 本工作站的气动执行元件

- 机器人快换:通过气路换向实现机器人侧和卡具侧的分离/接合,进而实现机器人拾取/放置工具。
- 上料机构:通过气路换向实现双轴气缸的伸缩,进而将工件推出料库。
- 机器人抓手工具:通过抓手上的四爪手指气缸的开闭,实现对工件的夹取和放置。
- 真空吸盘:设计 2×2 共 4 个吸盘,两个真空管路。当工件为小型亚克力块时,只启用一路真空,两个吸盘工作。

2. 气路系统分析

- 机器人快换、上料机构、机器人抓手工具,以上机构使用三条分离的气动换向回路。
- 真空吸盘:使用一拖二的真空回路,可以自由切换。
- 利用开关阀(二位二通阀)实现真空与压力气路的隔离、切换。
- 系统内的气动元件既可以用 PLC 控制,也可以用机器人直接控制。
- 压力传感器为常闭式传感器,与机器人急停回路连锁。系统回路内必须有气压,机器人才能正常运行。

3. 机器人工作站气路原理图

在具备基本的气动知识后,可观察气动控制板实物,按照实物连接画出系统的气路原理,如图 10.12 所示。

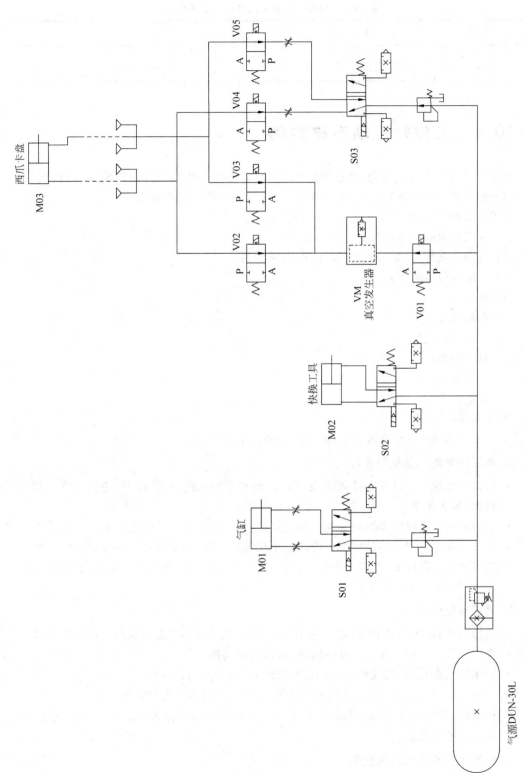

图10.12　机器人工作站气路原理

第11章

机器人工具校验训练

11.1 训练目标

- 熟练掌握机器人的手动操作和示教；
- 掌握机器人工具数据的创建；
- 掌握机器人目标点的示教；
- 了解不同工具 TCP 标定的方法；
- 掌握焊枪工具的标定；
- 学会验证工具 TCP 点的准确性。

11.2 任务描述

新建工具坐标系,按照步骤正确地进行 TCP 标定操作,然后在重定位模式下,操控机器人围绕该 TCP 点作姿态调整运动,测试工具坐标系的准确性。

11.3 知识学习

机器人工具标定就是确定工具坐标系相对于末端连杆坐标系的变换矩阵。其中工具中心点(TCP)位置标定通常采用最小二乘法进行拟合;工具坐标系(TCF)姿态标定采用坐标变换进行计算。

工具坐标系标定方法主要有:外部基准法和多点标定法。

外部基准法只需要使工具对准某一测定好的外部基准点,即可完成标定。多点标定法一般由工具中心点位置多点标定和工具坐标系姿态多点标定两部分组成。坐标系间的关系用齐次变换矩阵来表示。

为使机器人进行正确的直线插补、圆弧插补等插补动作,需正确地输入焊枪、气动抓手、吸盘等工具的尺寸信息,定义控制点的位置。工具数据是用于描述安装在机器人第六轴上的工具的 TCP、质量、重心等参数数据。

默认工具的工具中心点是位于机器人安装法兰的中心。机器人应用不同,工具配置不同,例如弧焊机器人的工具为焊枪,搬运机器人的工具为吸盘式的夹具。两种工具的校正方法是不同的,对于吸盘类的、规则类工具的,可以通过测量相对于原始中心点的偏移量来计算出新的 TCP。对于不规则类的工具,如焊枪,则用输入几个不同姿态的方法来实现。

工具校验是可以简单和正确地进行尺寸信息输入的功能。使用此功能可自动算出工具控制点的位置,输入到工具文件。

用工具校验输入的是法兰盘坐标中工具控制点的坐标值。

11.4 任务实施

通过手动操纵机器人的方法,将工具上的参考点以 4 种以上不同的机器人姿态尽可能与固定点刚好碰上,为了更准确地获得 TCP,在以下的例子中使用六点法进行操作,第四点是用工具的参考点垂直固定点,第五点是工具参考点从固定点向将要设定为 TCP 的 X 方向移动,第六点是工具参考点从固定点向将要设定为 TCP 的 Z 方向移动。

(1) 选择【手动操作】→【工具坐标】,如图 11.1 所示。

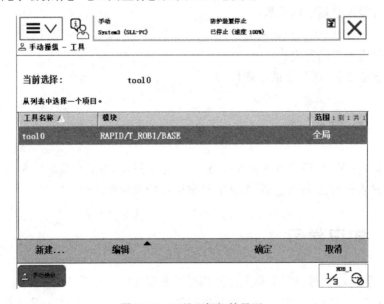

图 11.1 工具坐标初始界面

(2) 单击【新建】,新建工具坐标系。在弹出的新数据声明中,对工具数据属性进行设定后,如更改名称为"hanqiang",然后单击【确定】按钮,如图 11.2 所示。

图 11.2　新建工具坐标系

（3）选中 hanqiang 后，选择【编辑】菜单中的"定义"选项，进入下一步操作，如图 11.3
所示。

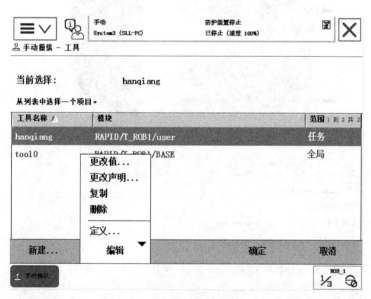

图 11.3　工具编辑界面

（4）在定义方法中选择【TCP 和 Z,X】，使用六点法来设定 TCP，其中【TCP（默认方
向）】为四点法设定 TCP，【TCP 和 Z】为五点法设定 TCP，如图 11.4 所示。

（5）选择合适的手动操纵模式，按下使能键，操纵机器人使工具参考点（即尖锥尖端）靠
近并接触上圆锥的 TCP 参考点，然后把当前位置作为第一点，如图 11.5 所示。

（6）单击【修改位置】，将点 1 位置记录下来，如图 11.6 所示。

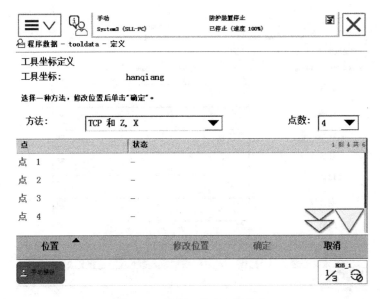

图 11.4　规则工具的坐标输入

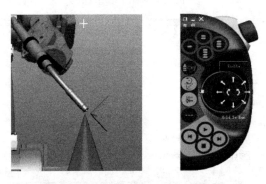

图 11.5　第一点位置

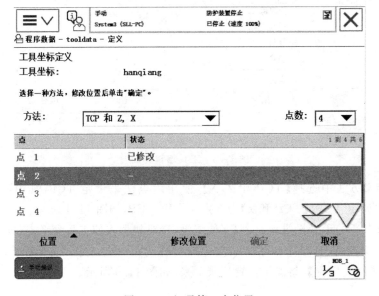

图 11.6　记录第一点位置

（7）操纵机器人变换另一个姿态使工具参考点靠近并接触上圆锥的 TCP 参考点，把当前位置作为第二点（机器人姿态变化越大，越有利于 TCP 点的标定），如图 11.7 所示。

图 11.7　第二点位置

（8）单击【修改位置】，将点 2 位置记录下来，如图 11.8 所示。

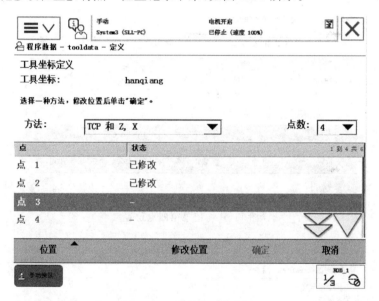

图 11.8　记录第二点位置

（9）操纵机器人变换另一个姿态使工具参考点靠近并接触上圆锥的 TCP 参考点，把当前位置作为第三点。

（10）单击【修改位置】，将点 3 位置记录下来。

（11）操纵机器人变化姿态，使工具的参考点接触并垂直于圆锥的 TCP 参考点，将当前位置作为第四点，如图 11.9 所示。

（12）单击【修改位置】，将点 4 位置记录下来，如图 11.10 所示。

（13）将工具参考点以点 4 的姿态，在线性模式下，从圆锥参考点向工具 TCP 的＋X 方向移动一段距离。

（14）单击【修改位置】，将延伸器点 X 位置记录下来，如图 11.11 所示。

图 11.9　第四点位置

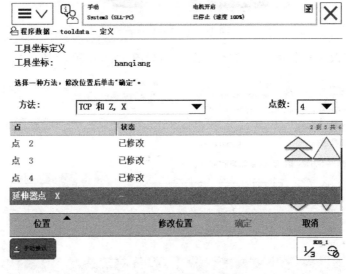

图 11.10　记录第四点位置

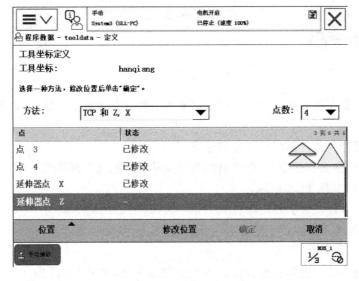

图 11.11　记录延伸器点 X 位置

（15）将工具参考点从圆锥参考点移动到工具 TCP 的＋Z 方向。

（16）单击【修改位置】，将延伸器点 Z 位置记录下来。依次单击【确定】按钮，直到完成设定。

（17）机器人自动计算 TCP 的标定误差，当平均误差在 0.5mm 以内时，才可以单击"确定"按钮进入下一步，否则需要重新进行 TCP 的标定，如图 11.12 所示。

图 11.12　误差确认

（18）选中 hanqiang，单击【编辑】菜单并选择【更改值】，如图 11.13 所示。

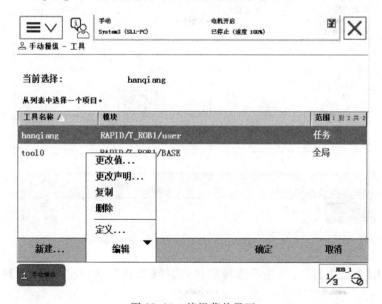

图 11.13　编辑菜单界面

（19）单击箭头向下翻页，在此界面中，根据实际情况，设定工具的质量 mass（单位 kg）和重心位置数据，然后依次单击【确定】按钮，直到完成设置，如图 11.14 所示。

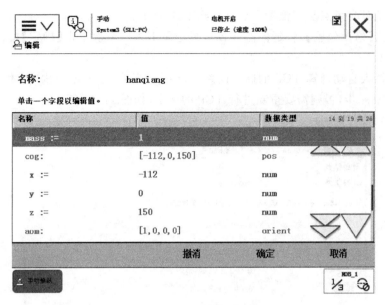

图 11.14　工具数据设定界面

（20）在手动操作界面，单击【动作模式】，选择【重定位】，然后单击【确定】按钮，如图 11.15 所示。

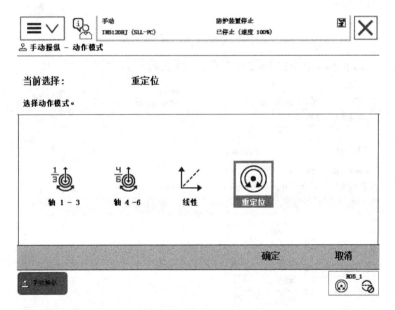

图 11.15　测试工具坐标系的准确性

（21）单击【坐标系】进入坐标系选择窗口，选择【工具】，然后单击【确定】按钮返回，如图 11.16 所示。

（22）按下使能键，用手拨动机器人手动操作摇杆，检测机器人是否围绕 TCP 点运动，如果机器人围绕 TCP 点运动，则 TCP 标定成功。

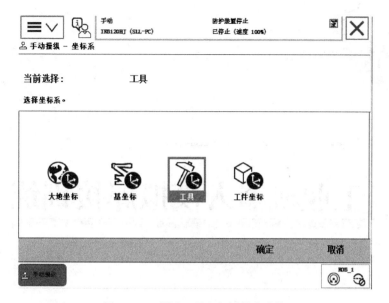

图 11.16　测试工具坐标系的准确性

第12章

工业机器人模拟焊接训练

12.1 训练目标

- 熟练机器人的手动操作和示教;
- 了解变位机的结构和功能;
- 学会常用的 I/O 配置;
- 学会机器人与外围设备的通信;
- 学会程序数据的创建;
- 学会基本运动程序的编写;
- 掌握机器人目标点的示教。

12.2 任务描述

任务模块包括:ABB IRB120 机器人,双轴单座变位机,模拟焊枪工具,配套的电气、气动、机械装置等。任务要求在变位机的配合下,使机器人完成模拟管道的环缝焊接工作。此次任务需要依次完成 I/O 信号配置、建立程序数据、程序编写、目标示教、与变位机的联动调试等。通过本章的学习,熟练掌握机器人的操作。

12.3 任务准备

12.3.1 标准 I/O 板配置

ABB 标准 I/O 板挂在 DeviceNet 总线上面,常用型号有 DSQC651(8 个数字输入,8 个数字输出,2 个模拟输出),DSQC652(16 个数字输入,16 个数字输出)。

配置路径:主菜单→控制面板→配置(配置系统参数)→主题(I/O)→DeviceNet Device(总线设备)→添加相应的设备。

在系统中配置标准 I/O 板,首先选择所用的 I/O 设备,然后在 Name 栏中重新命名,如图 12.1 所示。

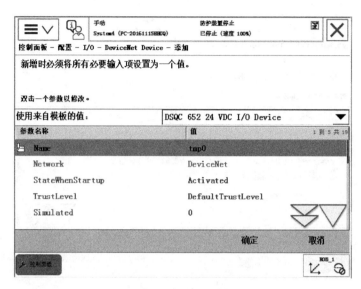

图 12.1　配置标准 I/O 板

更改 Address 栏,填上 I/O 板在总线上的实际地址,如图 12.2 所示。

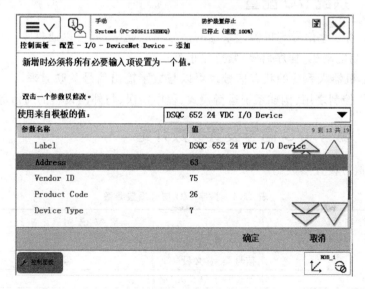

图 12.2　配置标准 I/O 板

12.3.2　数字 I/O 配置

在 I/O 单元上创建一个数字 I/O 信号,至少需要设置以下 4 项参数:信号名称、信号类型、信号所在 I/O 单元、单元地址,如图 12.3 所示。

  Name——I/O 信号名称;

  Type of Signal——I/O 信号类型;

  Assigned to Device——I/O 信号所在设备;

  Device Mapping——I/O 信号所占用的地址。

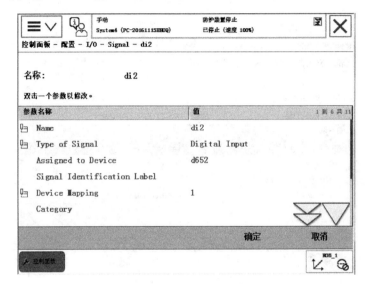

图 12.3 数字 I/O 配置

12.3.3 系统 I/O 配置

  系统输入:将数字信号与机器人系统的信号关联起来,就可以通过输入信号对系统进行控制(例如控制电动机、程序启停、紧急停止等)。

  系统输出:机器人系统的状态信号也可以与数字输出信号关联起来,将系统的状态输出给外围设备作控制之用(例如系统运行模式、程序错误、与外围设备的通信等)。

12.3.4 数字 I/O 信号设置参数介绍

  数字 I/O 信号设置参数见表 12.1。

表 12.1 数字 I/O 信号设置参数

参 数 名 称	参 数 说 明
Name	信号名称(必设)
Type of signal	信号类型(必设)
Assigned to unit	连接到 I/O 单元(必设)
Signal Identification lable	信号标签,为信号添加标签,便于查看。例如将信号标签与接线端子上标签设为一致,如 Conn. X4、Pin1
Unit Mapping	占用 I/O 单元的地址(必设)
Category	信号类别,为信号设置分类标签,当信号数量较多时,通过类别过滤,便于分类别查看信号

续表

参 数 名 称	参 数 说 明
Access Level	写入权限。 ReadOnly：为客户端均写入权限，只读状态； Default：可通过指令写入或本地客户端（如示教器）在手动模式下写入； All：各客户端在各模式下均有写入权限
Default Value	默认值，系统启动时其信号为默认值
Filter Time Passive	失效过滤时间（ms），防止信号干扰，如设置为 1000，则当信号置为 0，持续 1s 后才视为该信号已经置为 0（限于输入信号）
Signal value at system failure and power fail	断电保持，当系统错误或断电时是否保持当前信号状态（限于输出信号）
Store signal Value at Power Fail	当重启时是否将该信号恢复为断电前的状态（限于输出信号）
Invert Physical Value	信号置反

12.3.5 系统输入输出

系统输入如表 12.2 所示。

表 12.2 系统输入

系 统 输 入	说 明
Motor On	电动机上电
Motor On and Start	电动机上电并启动运行
Motor Off	电动机下电
Load and Start	加载程序并启动运行
Interrupt	中断触发
Start	启动运行
Start at Main	从主程序启动运行
Stop	暂停
Quick Stop	快速停止
Soft Stop	软停止
Stop at End of Cycle	在循环结束后停止
Stop at End of Instruction	在指令运行结束后停止
Reset Execution Error Signal	报警复位
Reset Emergency Stop	急停复位
System Restart	重启系统
Load	加载程序文件，适用后，之前适用 Load 加载的程序文件将被清除
Backup	系统备份

系统输出如表 12.3 所示。

表 12.3 系统输出

系 统 输 出	说 明
Auto On	自动运行状态
Backup Error	备份错误报警
Backup in Progress	系统备份进行中状态，当备份结束或结束时信号复位

系 统 输 出	说　明
Cycle On	程序运行状态
Emergency Stop	紧急停止
Execution Error	运行错误报警
Mechanical Unit Active	激活机械单元
Mechanical Unit Not Moving	机械单元没有运行
Motor Off	电动机下电

12.4　任务实施

12.4.1　机器人工具标定

（1）在机械臂的工作范围内找一个精确的固定点，以此为设置 TCP 数据的基本参考点。

（2）在工具上确定一个参考点（最好是工具的几何中心点）。

（3）手动操纵机器人，移动工具上的参考点，采用四种以上不同的机器人姿态，尽可能与固定点刚好碰上。

（4）机器人通过四个位置点的位置数据计算求得 TCP 的数据，然后 TCP 的数据就保存在 tooldata 程序数据中被程序调用。

12.4.2　创建载荷数据

操作步骤：主菜单→程序数据→视图→全部数据类型→Loaddata→新建。

设定相应的名称、范围、存储类型、任务、模块等参数，如图 12.4 所示。

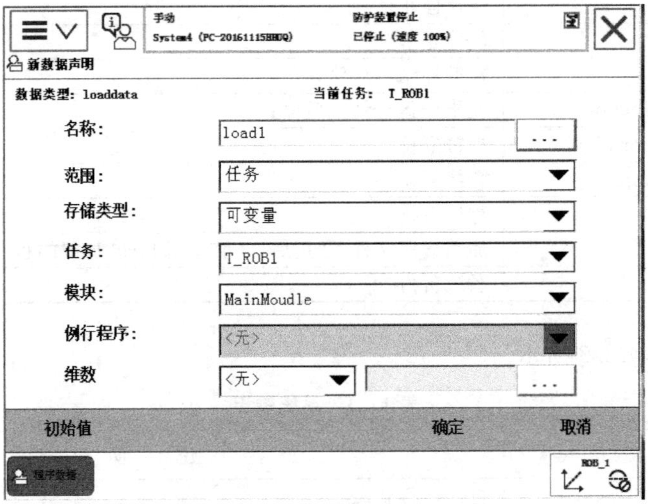

图 12.4　创建载荷数据

12.4.3　配置 I/O 单元

在示教器中根据表 12.4 中的参数配置 I/O 单元。

表 12.4　I/O 单元配置表

参　　数	值
Name	d652
Network	Devicenet
StateWhenStartup	Activated
TrustLevel	Default TrustLevel
Simulated	0
RecoveryTime	5000
Address	63（根据实际地址填写）

12.4.4　配置 I/O 信号

在示教器中根据表 12.5 中的参数配置 I/O 信号。

表 12.5　I/O 信号配置表

编号	信号名称	类型	地址	注　　释
DO00	do00_Rqct	DO 输出	0	机器人快速交换工具
DO01	do01_Feeding	DO 输出	1	连续上料
DO02	do02_Fcylinder	DO 输出	2	手指气缸夹具
DO03	do03_VacuumA	DO 输出	3	真空——左
DO04	do04_VacuumB	DO 输出	4	真空——右
DO05	do05_Flip	DO 输出	5	变位机横轴翻转
DO06	do06_Rotate	DO 输出	6	变位机竖轴旋转
DO07	do07_Reserve	DO 输出	7	预留信号

12.4.5　配置系统输入输出

在示教器中根据表 12.6 中的参数配置系统输入输出。

表 12.6　系统输入输出配置表

编号	信号名称	类型	地址	注　　释
DI00	di00_Sensor	DI 输入	0	气压开关
DI01	di01_MotorOn	DI 输入	1	电机上电
DI02	di02_MotorOff	DI 输入	2	电机下电
DI03	di03_Start	DI 输入	3	程序启动
DI04	di04_Stop	DI 输入	4	程序停止
DI05	di05_StartMain	DI 输入	5	从主程序启动

12.4.6　程序注解

以下是实现机器人逻辑和动作控制的 RAPID 程序。

```
MODULE MainMoudle
PROC r Simulated_welding ()
        rInitialize;                              !初始化程序
        nTool: = 1;                               !指定所使用的工具编号
        rCheck_Tool;                              !检查工具编号
        rPickT;                                   !拾取工具子程序
        WHILE TRUE DO
            MoveJ pH10, vb, z50, tool1;           !运行起始位置
            MoveJ pH20, vb, fine, tool1;          !过渡点
            Set do05_Flip;                        !变位机横轴翻转
            MoveJ pH30, vb, z50, tool1;
            MoveJ pH40, vb, z50, tool1;
            MoveJ pH50, vb, z50, tool1;
            MoveJ pH60, vb, z50, tool1;           !过渡点
            MoveL pH80, vd, fine, tool1;          !运动到工件上方(按照 Vd 低速运行)
            PulseDO\PLength: = 0.5, do06_Rotate;  !发出脉冲,竖轴转动一周
            MoveL pH90, speedweld, fine, tool1;   !模拟焊接过程
            MoveL pH100, vd, fine, tool1;         !移动到安全点
            Reset do05_Flip;                      !变位机横轴复位
            WaitTime 0.5;                         !等待 0.5s
            MoveL pH110, vd, fine, tool1;
            MoveL pH120, ve, fine, tool1;         !移动至打磨点
            PulseDO\PLength: = 0.5, do06_Rotate;  !发出脉冲,竖轴转动一周
            WaitTime 4;                           !等待 4s
            MoveL pH130, vb, fine, tool1;
            MoveJ pH140, vb, fine, tool1;         !更改姿态
            MoveL pH150, vd, fine, tool1;
            WaitTime 3;
            MoveL pH160, vb, z10, tool1;
            MoveJ pH170, vb, z10, tool1;
            MoveJ pH180, vb, z10, tool1;
            MoveJ pH190, vb, z10, tool1;          !过渡点
            MoveJ pSafe, vb, z10, tool1;          !移至安全位置
            rPlaceT;                              !放置工具子程序
            RETURN ;
        ENDWHILE
    ENDPROC


PROC rModPos()
    !示教点辅助程序,过渡点调试时根据路径确定
        MoveAbsJ jposHome\NoEOffs, v200, fine, tool0;
        MoveL pWork_Home, v10, fine, tool1;
```

```
        MoveL pPick,v10,fine,tool0;
        MoveL pTool1,v10,fine,tool0;
        MoveL pTool2,v10,fine,tool0;
        MoveL pTool3,v10,fine,tool0;
        MoveL pSafe,v10,fine,tool0;
    ENDPROC

    PROC rPickT()
        !拾取工具子程序
        Set do00_Rqct;
        MoveL Offs(pPickT,0,0,200),vb,z5,tool0;
        MoveL Offs(pPickT,0,0,20),vb,fine,tool0;
        MoveL Offs(pPickT,0,0,1),vf,fine,tool0;
        Reset do00_Rqct;
        waittime 0.5;
        MoveL Offs(pPickT,0,0,15),ve,fine,tool0;
        MoveL Offs(pPickT,0,80,20),vd,fine,tool0;
        MoveL Offs(pPickT,0,80,200),vb,z5,tool0;
        MoveJ pSafe,vb,z5,tool0;
    ENDPROC
PROC rPlaceT()
    !放置工具子程序
        MoveJ Psafe,vb,z5,tool0;
        MoveL Offs(pPickT,0,80,200),vb,z5,tool0;
        MoveL Offs(pPickT,0,80,15),vb,fine,tool0;
        MoveL Offs(pPickT,0,0,15),vd,fine,tool0;
        MoveL Offs(pPickT,0,0,2),ve,fine,tool0;
        Set do00_Rqct;
        waittime 0.5;
        MoveL Offs(pPickT,0,0,20),ve,fine,tool0;
        MoveL Offs(pPickT,0,0,200),vb,z5,tool0;
        MoveL pWork_Home,va,z10,tool0;
    ENDPROC


PROC rCheck_Tool()
    !工具检测子程序
        TEST nTool
        CASE 1:
            pPickT:= pTool1;
            pPlaceT:= pPickT;
        CASE 2:
            pPickT:= pTool2;
            pPlaceT:= pPickT;
        CASE 3:
            pPickT:= pTool3;
            pPlaceT:= pPickT;
        DEFAULT:
```

```
        TPErase;
        TPWrite "The Tool Number is error,please check it!";
        Stop;
    ENDTEST
ENDPROC
```

12.4.7　操作步骤

（1）机器人吸取卡具，经过若干过渡点，移动到安全位置，如图 12.5 所示。

（2）发出信号，使变位机横轴翻转 90°，如图 12.6 所示。

图 12.5　机器人吸取卡具　　　　　　图 12.6　变位机横轴翻转 90°

（3）机器人继续移动，经过若干过渡点，焊枪尖端到达焊接起点正上方约 1mm，如图 12.7 所示。

（4）发出信号，使变位机竖轴翻转，同时机器人向焊接终点移动。

（5）当焊枪尖端移动至终点后，焊接完成，如图 12.8 所示。

图 12.7　焊枪到达焊接起点　　　　　　图 12.8　焊枪移至焊接终点

（6）焊枪移至焊接终点正上方 150mm 处，如图 12.9 所示。

（7）发出信号，使变位机横轴复位，焊枪移至内角打磨点正上方，准备进行内角的打磨，如图 12.10 所示。

（8）焊枪移至内角打磨点时，发出信号，变位机竖轴开始旋转，如图 12.11 所示。

（9）内角打磨完成后，焊枪向上移动到安全位置，如图 12.12 所示。

图 12.9　焊枪移至安全区域

图 12.10　准备进行内角的打磨

图 12.11　打磨内角

图 12.12　运动至安全位置

（10）将焊枪变换为外角打磨姿态，并移至外角打磨点正上方，如图 12.13 所示。

（11）焊枪移至外角打磨点，进行外角打磨，如图 12.14 所示。

图 12.13　准备进行外角的打磨

图 12.14　打磨外角

（12）外角打磨完成后，焊枪向上移动到安全位置，然后经过若干过渡点，将焊枪工具放回。

机器人模拟焊接作业工作路径如图12.15所示。

图 12.15 机器人模拟焊接作业工作路径

第13章

工业机器人搬运训练

13.1 训练目标

- 熟练掌握机器人的手动操作和示教;
- 学会搬运常用的 I/O 配置;
- 学会程序数据的创建;
- 学会基本运动程序的编写;
- 掌握机器人目标点的示教;
- 学会搬运程序的编写。

13.2 任务描述

任务模块包括：ABB IRB120 机器人、圆筒工件、四爪手指卡具、配套的电气、气动、机械装置等。任务要求操纵机器人拿起卡爪工具,到达圆筒内,卡紧圆筒工件,搬运到指定位置,依次完成3个圆筒的搬运,放回工具。此次任务需要依次完成 I/O 信号配置、建立程序数据、程序编写、目标示教,最终完成搬运任务。通过本章的学习,掌握机器人搬运的方法。

13.3 任务准备

13.3.1 标准 I/O 板配置

ABB 标准 I/O 板挂在 DeviceNet 总线上面,常用型号有 DSQC651(8 个数字输入,8 个数字输出,2 个模拟输出),DSQC652(16 个数字输入,16 个数字输出)。

配置路径：主菜单→控制面板→配置（配置系统参数）→主题（I/O）→DeviceNet Device（总线设备）→添加相应的设备。

在系统中配置标准 I/O 板，首先选择所用的 I/O 设备，然后在 Name 栏中重新命名，如图 13.1 所示。

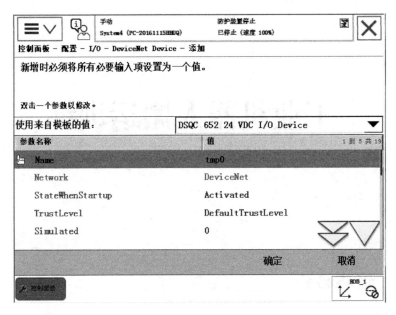

图 13.1　配置标准 I/O 板

更改 Address 栏，填上 I/O 板在总线上的实际地址，如图 13.2 所示。

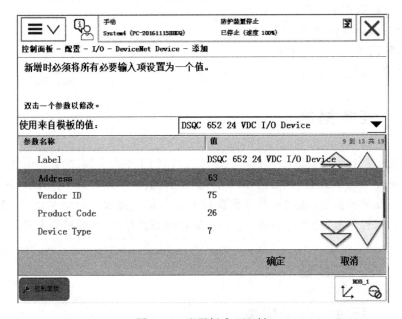

图 13.2　配置标准 I/O 板

13.3.2　数字 I/O 配置

在 I/O 单元上创建一个数字 I/O 信号，至少需要设置以下 4 项参数：信号名称、信号类型、信号所在 I/O 单元、单元地址，如图 13.3 所示。

Name——I/O 信号名称；

Type of Signal——I/O 信号类型；

Assigned to Device——I/O 信号所在设备；

Device Mapping——I/O 信号所占用的地址。

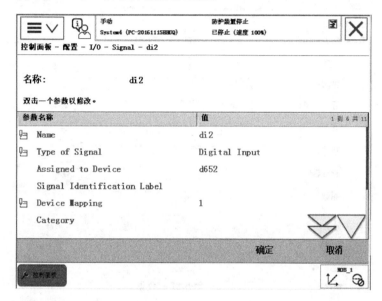

图 13.3　数字 I/O 配置

13.3.3　系统 I/O 配置

系统输入：将数字信号与机器人系统的信号关联起来，就可以通过输入信号对系统进行控制（例如控制电动机、程序启停、紧急停止等）。

系统输出：机器人系统的状态信号也可以与数字输出信号关联起来，将系统的状态输出给外围设备作控制之用（例如系统运行模式、程序错误、与外围设备的通信等）。

13.4　任务实施

13.4.1　机器人工具标定

(1) 在机械臂的工作范围内找一个精确的固定点，以此为设置 TCP 数据的基本参考点。

(2) 在工具上确定一个参考点（最好是工具的几何中心点）。

(3) 手动操纵机器人，移动工具上的参考点，采用四种以上不同的机器人姿态，尽可能与固定点刚好碰上。

（4）机器人通过四个位置点的位置数据计算求得 TCP 的数据，然后 TCP 的数据保存在 tooldata 程序数据中被程序调用。

13.4.2　创建载荷数据

操作步骤：主菜单—程序数据—视图—全部数据类型—Loaddata—新建。

设定相应的名称、范围、存储类型、任务、模块等参数，如图 13.4 所示。

图 13.4　创建载荷数据

13.4.3　配置 I/O 单元

在示教器中根据表 13.1 所示的参数配置 I/O 单元。

表 13.1　I/O 单元配置表

参　　　数	值
Name	d652
Network	Devicenet
StateWhenStartup	Activated
TrustLevel	Default TrustLevel
Simulated	0
RecoveryTime	5000
Address	63（根据实际地址填写）

13.4.4　配置 I/O 信号

在示教器中根据表 13.2 所示的参数配置 I/O 信号。

表 13.2　I/O 信号配置表

编号	信号名称	类型	地址	注释
DO00	do00_Rqct	DO 输出	0	机器人快速交换工具
DO01	do01_Feeding	DO 输出	1	连续上料
DO02	do02_Fcylinder	DO 输出	2	手指气缸夹具
DO03	do03_VacuumA	DO 输出	3	真空——左
DO04	do04_VacuumB	DO 输出	4	真空——右
DO05	do05_Flip	DO 输出	5	变位机横轴翻转
DO06	do06_Rotate	DO 输出	6	变位机竖轴旋转
DO07	do07_Reserve	DO 输出	7	预留信号

13.4.5　配置系统输入输出

在示教器中根据表 13.3 所示参数配置系统输入输出。

表 13.3　系统输入输出配置表

编号	信号名称	类型	地址	注释
DI00	di00_Sensor	DI 输入	0	气压开关
DI01	di01_MotorOn	DI 输入	1	电机上电
DI02	di02_MotorOff	DI 输入	2	电机下电
DI03	di03_Start	DI 输入	3	程序启动
DI04	di04_Stop	DI 输入	4	程序停止
DI05	di05_StartMain	DI 输入	5	从主程序启动

13.4.6　程序注解

以下是实现机器人逻辑和动作控制的 RAPID 程序。

```
PROC rBanyun()
    rInitialize;                                !初始化程序
    nTool: = 3;                                 !指定工具号
    nCycles: = 1;                               !搬运循环次数复位
    rCheck_Tool;                                !检查工具号
    rPickT;                                     !拾取工具子程序
    WHILE TRUE DO
        PulseDO\PLength: = 0.5, do02_Fcylinder; !夹具复位
        MoveJ Offs(pB1,0,0,100),vb,z5,tool3;
        MoveL Offs(pB1,0,0,0),vd,fine,tool3;
!向 pB1 点偏移,使用 Offs 指令方便位置调整,修正 X、Y、Z 轴方向的位置偏差
        Set do02_Fcylinder;
        WaitTime 0.5;
        MoveL Offs(pB1,0,0,50),vb,z5,tool3;
        MoveJ * ,va,z50,tool3;
            MoveJ Offs(pB0,0,0,50),vb,z5,tool3;
            MoveL Offs(pB0,0,0,0),va,fine,tool3;
```

```
            Reset do02_Fcylinder;
            WaitTime 0.5;
            MoveL Offs(pB0,0,0,100),va,z5,tool3;
            MoveJ * ,vb,z50,tool3;
            MoveJ Offs(pB2,0,0,100),va,z5,tool3;
            MoveL Offs(pB2,0,0,0),vd,fine,tool3;
            Set do02_Fcylinder;
            WaitTime 0.5;
            MoveL Offs(pB2,0,0,50),vb,z5,tool3;
            MoveL Offs(pB1,0,0,50),vb,z5,tool3;
            MoveL Offs(pB1,0,0,0),vd,fine,tool3;
            Reset do02_Fcylinder;
            WaitTime 0.5;
            MoveL Offs(pB1,0,0,100),vb,z5,tool3;
            MoveL Offs(pB3,0,0,100),vb,z5,tool3;
            MoveL Offs(pB3,0,0,0),vd,fine,tool3;
            Set do02_Fcylinder;
            WaitTime 0.5;
            MoveL Offs(pB3,0,0,50),vb,z5,tool3;
            MoveL Offs(pB2,0,0,50),vb,z5,tool3;
            MoveL Offs(pB2,0,0,0),vd,fine,tool3;
            Reset do02_Fcylinder;
            WaitTime 0.5;
            MoveL Offs(pB2,0,0,100),vb,z5,tool3;
            MoveJ * ,va,z50,tool3;
            MoveL Offs(pB0,0,0,100),va,z50,tool3;
            MoveL Offs(pB0,0,0,0),vd,fine,tool3;
            Set do02_Fcylinder;
            WaitTime 0.5;
            MoveJ Offs(pB0,0,0,50),vb,z50,tool3;
            MoveJ * ,vb,z50,tool3;
            MoveJ Offs(pB3,0,0,100),va,z5,tool3;
        MoveL Offs(pB3,0,0,0),vd,fine,tool3;
        Reset do02_Fcylinder;
        WaitTime 0.5;
        MoveJ Offs(pB3,0,0,100),vb,z5,tool3;
        nCycles:=nCycles+1;                        !循环计数加 1
        IF nCycles>3 THEN
          !如果循环达到 3 次,nCycles 值为 4,执行 IF 程序
            nCycles:=1;                            !循环次数复位
            MoveJ Psafe,vb,z5,tool0;               !安全过渡点
            rPlaceT;                               !放置工具子程序
            TPErase;
            TPWrite "The program is completed!";
            WaitTime 0.2;
            Stop;                                  !停止运行
        ENDIF
      ENDWHILE
    ENDPROC
```

```
PROC rInitialize()
    MoveL pWork_Home,va,z10,tool0;
    nTool: = 0;
    ConfL\Off ;
    ConfJ\Off ;
    TPErase ;
ENDPROC


PROC rPickT()
!拾取工具子程序
    Set do00_Rqct;
    MoveL Offs(pPickT,0,0,200),vb,z5,tool0;
    MoveL Offs(pPickT,0,0,20),vb,fine,tool0;
    MoveL Offs(pPickT,0,0,1),vf,fine,tool0;
    Reset do00_Rqct;
    waittime 0.5;
        MoveL Offs(pPickT,0,0,15),ve,fine,tool0;
        MoveL Offs(pPickT,0,80,20),vd,fine,tool0;
        MoveL Offs(pPickT,0,80,200),vb,z5,tool0;
        MoveJ pSafe,vb,z5,tool0;
    ENDPROC


PROC rPlaceT()
    !放置工具子程序
        MoveJ Psafe,vb,z5,tool0;
        MoveL Offs(pPickT,0,80,200),vb,z5,tool0;
        MoveL Offs(pPickT,0,80,15),vb,fine,tool0;
        MoveL Offs(pPickT,0,0,15),vd,fine,tool0;
        MoveL Offs(pPickT,0,0,2),ve,fine,tool0;
        Set do00_Rqct;
        waittime 0.5;
        MoveL Offs(pPickT,0,0,20),ve,fine,tool0;
        MoveL Offs(pPickT,0,0,200),vb,z5,tool0;
        MoveL pWork_Home,va,z10,tool0;
    ENDPROC


PROC rCheck_Tool()
    !工具检测子程序
        TEST nTool
        CASE 1:
            pPickT: = pTool1;
            pPlaceT: = pPickT;
        CASE 2:
            pPickT: = pTool2;
            pPlaceT: = pPickT;
        CASE 3:
```

```
                pPickT: = pTool3;
                pPlaceT: = pPickT;
        DEFAULT:
            TPErase;
            TPWrite "The Tool Number is error,please check it!";
            Stop;
        ENDTEST
    ENDPROC

PROC rModPos()
    !示教点辅助程序,过渡点调试时根据路径确定
    MoveAbsJ jposHome\NoEOffs,v200,fine,tool0;
    MoveL pWork_Home,v10,fine,tool0;
    MoveL pTool1,v10,fine,tool0;
    MoveL pTool2,v10,fine,tool0;
    MoveL pTool3,v10,fine,tool0;
    MoveL pSafe,v10,fine,tool0;
    MoveL pB0,v10,fine,tool3;
    MoveL pB1,v10,fine,tool3;
    MoveL pB2,v10,fine,tool3;
    MoveL pB3,v10,fine,tool3;
    ENDPROC
```

13.4.7 操作步骤

（1）机器人吸取卡爪，如图 13.5 所示。

（2）经若干过渡点后，移动到圆筒上方，随后将卡爪伸入圆筒，卡爪卡紧圆筒，如图 13.6 所示。

图 13.5　机器人吸取卡爪　　　　　图 13.6　卡爪卡紧圆筒

（3）移动机器人，将圆筒从托盘中取出，如图 13.7 所示。

（4）经过若干过渡点后，将圆筒移至指定位置，如图 13.8 所示。

图 13.7　取出圆筒

图 13.8　移至指定位置

（5）到达指定位置后，卡爪松开，并移出圆筒，如图 13.9 所示。

（6）依次搬运后面两个圆筒。

（7）搬运完第三个圆筒后，经过若干过渡点后，将卡具放回。

机器人搬运作业工作路径如图 13.10 所示。

图 13.9　卡爪移出圆筒

图 13.10　机器人搬运作业工作路径

第14章

工业机器人码垛训练

14.1 训练目标

- 熟练掌握机器人的手动操作和示教；
- 学会码垛常用 I/O 配置；
- 学会机器人与外围设备的通信；
- 学会 offs 偏移指令的应用；
- 学会复杂程序数据赋值；
- 学会码垛程序的编写；
- 掌握机器人目标点的示教。

14.2 任务描述

任务模块包括：ABB IRB120 机器人、上料机构、传送机构、亚克力块、真空吸盘卡具、码放平台、配套的电气、气动、机械装置等。任务要求操纵机器人拿起吸盘卡具，到达抓取点上方，抓取由上料机构推出的亚克力块，在码放平台上码放指定形状。此次任务需要依次完成 I/O 信号配置、建立程序数据、程序编写、目标示教等。通过本章的学习，读者应学会工业机器人如何码垛。

14.3 知识学习

14.3.1 Offs 指令：取代一个机械臂的位置

(1) 用法：Offs 用于在一个机械臂位置的工件坐标系中添加一个偏移量。

（2）基本示例：

例 14.1　MoveL Offs(p2,0,0,10),v1000,z50,tool1；

将机械臂移动至距位置 p2（沿 z 方向）10mm 的一个点。

例 14.2　p1：＝Offs(p1,5,10,15)；

机械臂位置 p1 沿 x 方向移动 5mm，沿 y 方向移动 10mm，沿 z 方向移动 15mm。

（3）返回值　数据类型：robtarget

移动的位置数据。

（4）变元　Offs(Point XOffset YOffset ZOffset)

Point　数据类型：robtarget

有待移动的位置数据。

XOffset　数据类型：num

工件坐标系中 x 方向的位移。

YOffset　数据类型：num

工件坐标系中 y 方向的位移。

ZOffset　数据类型：num

工件坐标系中 z 方向的位移。

14.3.2　复杂程序数据赋值

多数类型的程序数据均是组合型数据，即里面包含了多项数值或字符串。可以对其中的任何一项参数进行赋值。

例如常见的目标点数据：

```
PERS robtarget
P10：＝[[0,0,0],[1,0,0,0],[0,0,0,0],[9E9,9E9,9E9,9E9,9E9,9E9]]；
PERS robtarget
P20：＝[[100,0,0],[0,0,1,0],[1,0,1,0],[9E9,9E9,9E9,9E9,9E9,9E9]]；
```

目标点数据里面包含了 4 组数据，从前往后依次为 TCP 位置数据[100,0,0]（trans）、TCP 姿态数据[0,0,1,0]（rot）、轴配置数据[1,0,1,0]（robconf）和外部轴数据（extax），可以分别对该数据的各项数值进行操作，例如：

```
P10.trans.x:＝p20.trans.x＋50；
P10.trans.y:＝p20.trans.y.50；
P10.trans.z:＝p20.trans.z＋100；
P10.rot:＝p20.rot；
P10.robconf:＝p20.robconf；
```

赋值后 p10 为：

```
PERS robtarget
P10：＝[[150,.50,100],[0,0,1,0],[1,0,1,0],[9E9,9E9,9E9,9E9,9E9,9E9]]；
```

14.4　任务准备

14.4.1　标准 I/O 板配置

ABB 标准 I/O 板挂在 DeviceNet 总线上面,常用型号有 DSQC651(8 个数字输入,8 个数字输出,2 个模拟输出),DSQC652(16 个数字输入,16 个数字输出)。

配置路径:主菜单→控制面板→配置(配置系统参数)→主题(I/O)→DeviceNet Device(总线设备)→添加相应的设备。

在系统中配置标准 I/O 板,首先选择所用的 I/O 设备,然后在 Name 栏中重新命名,如图 14.1 所示。

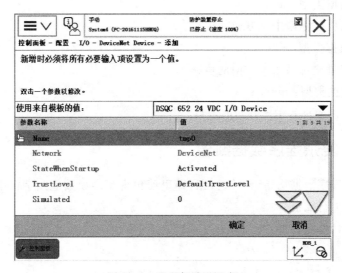

图 14.1　配置标准 I/O 板

更改 Address 栏,填上 I/O 板在总线上的实际地址,如图 14.2 所示。

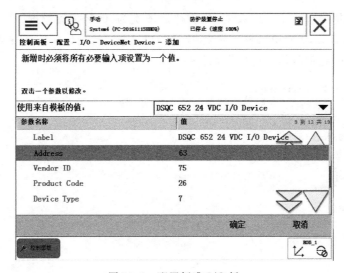

图 14.2　配置标准 I/O 板

14.4.2　数字 I/O 配置

在 I/O 单元创建一个数字 I/O 信号,至少需要设置以下 4 项参数:信号名称、信号类型、信号所在 I/O 单元、单元地址,如图 14.3 所示。

Name——I/O 信号名称;

Type of Signal——I/O 信号类型;

Assigned to Device——I/O 信号所在设备;

Device Mapping——I/O 信号所占用的地址。

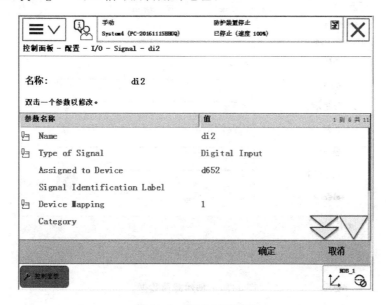

图 14.3　数字 I/O 配置

14.4.3　系统 I/O 配置

系统输入:将数字信号与机器人系统的信号关联起来,就可以通过输入信号对系统进行控制(例如控制电动机、程序启停、紧急停止等)。

系统输出:机器人系统的状态信号也可以与数字输出信号关联起来,将系统的状态输出给外围设备作控制之用(例如系统运行模式、程序错误、与外围设备的通信等)。

14.5　任务实施

14.5.1　机器人工具标定

(1) 在机械臂的工作范围内找一个精确的固定点,以此为设置 TCP 数据的基本参考点。

(2) 在工具上确定一个参考点(最好是工具的几何中心点)。

(3) 手动操纵机器人,移动工具上的参考点,采用四种以上不同的机器人姿态,尽可能与固定点刚好碰上。

（4）机器人通过四个位置点的位置数据计算求得 TCP 的数据，然后 TCP 的数据保存在 tooldata 程序数据中被程序调用。

14.5.2　创建载荷数据

操作步骤：主菜单→程序数据→视图→全部数据类型→Loaddata→新建。

设定相应的名称、范围、存储类型、任务、模块等参数，如图 14.4 所示。

图 14.4　创建载荷数据

14.5.3　配置 I/O 单元

在示教器中根据表 14.1 所示的参数配置 I/O 单元。

表 14.1　I/O 单元参数配置表

参　　数	值
Name	d652
Network	Devicenet
StateWhenStartup	Activated
TrustLevel	Default TrustLevel
Simulated	0
RecoveryTime	5000
Address	63（根据实际地址填写）

14.5.4　配置 I/O 信号

在示教器中根据表 14.2 所示的参数配置 I/O 信号。

表 14.2　I/O 信号参数配置表

编号	信号名称	类型	地址	注释
DO00	do00_Rqct	DO 输出	0	机器人快速交换工具
DO01	do01_Feeding	DO 输出	1	连续上料
DO02	do02_Fcylinder	DO 输出	2	手指气缸夹具
DO03	do03_VacuumA	DO 输出	3	真空——左
DO04	do04_VacuumB	DO 输出	4	真空——右
DO05	do05_Flip	DO 输出	5	变位机横轴翻转
DO06	do06_Rotate	DO 输出	6	变位机竖轴旋转
DO07	do07_Reserve	DO 输出	7	预留信号

14.5.5　配置系统输入输出

在示教器中根据表 14.3 所示的参数配置系统输入输出。

表 14.3　系统输入输出表

编号	信号名称	类型	地址	注释
DI00	di00_Sensor	DI 输入	0	气压开关
DI01	di01_MotorOn	DI 输入	1	电机上电
DI02	di02_MotorOff	DI 输入	2	电机下电
DI03	di03_Start	DI 输入	3	程序启动
DI04	di04_Stop	DI 输入	4	程序停止
DI05	di05_StartMain	DI 输入	5	从主程序启动

14.5.6　程序注解

工业机器人码垛作业码放的垛形如图 14.5 所示(一层两个,共 5 层 10 块),该垛形此处以两种方法进行讲解。

图 14.5　码放剁形

方法 1 涉及的知识点如下：

（1）两个 IF 语句的并列使用；

（2）变量计数；

（3）Case 结构；

（4）Offs 指令；

（5）连续赋值。

```
PROC rPalletize()
    rInitialize;
    nCount : = 1;
    nTool : = 2;
    rCheck_Tool;
    rPickT;
WHILE TRUE DO
    Set DO01_FEEDING;                          !上料机构开始上料
    rCalculatPos;
    rPick;
    MoveL Offs (pM,0,0,100),vb,fine,tool2;
    MoveL Offs (pM,0,0,20),vb,fine,tool2;      !pM 点正上方 20mm 处减速,优化节拍
    MoveL pM, ve, fine, tool2;                 !到达码垛位置
    Reset DO03_VACUUMA;                        !释放真空
    WAITTIME 0.5;                              !等待 0.5s
    MoveL Offs (pM,0,0,50),vb,fine,tool2;
    nCount: = nCount + 1;                      !循环计数
    IF nCount > 9 THEN                         !当码垛计数达到 9 块时,停止上料
        Reset DO01_FEEDING;
    ENDIF
    IF nCount > 10 THEN                        !如果码垛块数达到 10 块,执行 IF 语句
        Reset DO01_FEEDING;
        nCount: = 1;
        MoveJ *, vb, z5, tool0;               !过渡点
        MoveJ *, vb, z5, tool0;               !过渡点
        MoveJ Psafe,vb,z5,tool0;              !安全过渡位置
        rPlaceT;                              !放置工具子程序
        TPErase ;
        TPWrite "The program is completed!";
        WaitTime 0.5;
        Stop;
    ENDIF
ENDWHILE
ENDPROC

PROC rCalculatPos ()
!以第一层的横向示教点 pMx 和第二层的纵向示教点 pMy 为基准,进行位置偏移计算
    TEST nCount
    CASE 1:
        pM1: = pMx;
        pM: = pM1;
    CASE 2:
```

```
            pM2: = Offs(pM1,40,0,0);
            pM: = pM2;
        CASE 3:
            pM3: = pMy;
            pM: = pM3;
        CASE 4:
            pM4: = Offs(pM3,0,40,0);
            pM: = pM4;
        CASE 5:
            pM5: = Offs(pM1,0,0,25);
            pM: = pM5;
        CASE 6:
            pM6: = Offs(pM2,0,0,25);
            pM: = pM6;
        CASE 7:
            pM7: = Offs(pM3,0,0,25);
            pM: = pM7;
         CASE 8:
                pM8: = Offs(pM4,0,0,25);
                pM: = pM8;
         CASE 9:
                pM9: = Offs(pM5,0,0,30);
                pM: = pM9;
         CASE 10:
                pM10: = Offs(pM6,0,0,25);
                pM: = pM10;
         DEFAULT:
                TPErase;
                TPWrite "The CountNumber is error,please check it!";
                Stop;
         ENDTEST
    ENDPROC


PROC rInitialize()
!初始化程序
    MoveL pWork_Home,va,z10,tool0;
    nTool: = 0;
    ConfL\Off ;
    ConfJ\Off ;
    TPErase ;
ENDPROC


PROC rPick()
!拾取工件子程序,每次拾取工件时机器人的路径及动作顺序都是固定的,所以将此步骤写为子程
!序,使程序变得更加简洁
    MoveJ * ,vb,z5,tool2;
    MoveJ Offs (pPick,0,0,200),vb,z5,tool2;
    MoveL Offs (pPick,0,0,20),vb,z5,tool2;
    MoveL Offs (pPick,0,0,1),ve,fine,tool2;
    Set do03_VacuumA;
    waittime 0.5;
```

```
        MoveL Offs (pPick,0,0,20),vb,z5,tool2;
        MoveJ Offs (pPick,0,0,200),vb,z5,tool2;
        MoveJ *,vb,z5,tool2;
    ENDPROC

PROC rPickT()
        !拾取工具子程序
        Set do00_Rqct;
        MoveL Offs(pPickT,0,0,200),vb,z5,tool0;
        MoveL Offs(pPickT,0,0,20),vb,fine,tool0;
        MoveL Offs(pPickT,0,0,1),vf,fine,tool0;
        Reset do00_Rqct;
        waittime 0.5;
        MoveL Offs(pPickT,0,0,15),ve,fine,tool0;
        MoveL Offs(pPickT,0,80,20),vd,fine,tool0;
        MoveL Offs(pPickT,0,80,200),vb,z5,tool0;
        MoveJ pSafe,vb,z5,tool0;
    ENDPROC

PROC rPlaceT()
    !放置工具子程序
        MoveJ Psafe,vb,z5,tool0;
        MoveL Offs(pPickT,0,80,200),vb,z5,tool0;
        MoveL Offs(pPickT,0,80,15),vb,fine,tool0;
        MoveL Offs(pPickT,0,0,15),vd,fine,tool0;
        MoveL Offs(pPickT,0,0,2),ve,fine,tool0;
        Set do00_Rqct;
        waittime 0.5;
        MoveL Offs(pPickT,0,0,20),ve,fine,tool0;
        MoveL Offs(pPickT,0,0,200),vb,z5,tool0;
        MoveL pWork_Home,va,z10,tool0;
    ENDPROC

PROC rCheck_Tool()
    !工具检测子程序
        TEST nTool
        CASE 1:
            pPickT: = pTool1;
            pPlaceT: = pPickT;
        CASE 2:
            pPickT: = pTool2;
            pPlaceT: = pPickT;
        CASE 3:
            pPickT: = pTool3;
            pPlaceT: = pPickT;
        DEFAULT:
            TPErase;
            TPWrite "The Tool Number is error,please check it!";
            Stop;
        ENDTEST
    ENDPROC
```

```
PROC rModPos()
    !示教点辅助程序,过渡点调试时根据路径确定
        MoveAbsJ jposHome\NoEOffs,v200,fine,tool0;
        MoveL pWork_Home,v10,fine,tool0;
        MoveL pPick,v10,fine,tool2;
        MoveL pTool1,v10,fine,tool0;
        MoveL pTool2,v10,fine,tool0;
        MoveL pTool3,v10,fine,tool0;
        MoveL pSafe,v10,fine,tool0;
        MoveL pMx,v10,fine,tool2;
        MoveL pMy,v10,fine,tool2;
    ENDPROC
```

方法 2 涉及的知识点如下：

(1) Trans. x 命令的运用。

(2) IF 语句的运用。

(3) 全局变量的认知,nTool 这个值,赋值以后在放置工具的时候还能用。所以,从哪拿的工具还得放到哪。某程序运行到一半的时候直接转入 rPlace 程序可能会发生撞击,因为内存中 tool 的工具号和位置值可能是上一次运行的值。

```
PROC rPalletize()
        rInitialize;
        nCount: = 0;
        nTool: = 2;
        rCheck_Tool;
        rPickT;
        pM: = pMa
        WHILE TRUE DO
            Set DO01_FEEDING;
            rPick;
            MoveL Offs(pM,0,0,100),vb,fine,tool2;
            MoveL Offs(pM,0,0,20),vb,fine,tool2;
            MoveL pM,ve,fine,tool2;
            Reset DO03_VACUUMA;
            WAITTIME 0.5;
            MoveL Offs(pM,0,0,50),vb,fine,tool2;
            nCount: = nCount + 1;

            IF nCount < 4 THEN
            pM. trans.x : = pM. trans.x + 30;
            ELSE IF nCount = 4 THEN
            pM. trans.x : = pM. trans.x - 15;
            pM. trans.z : = pM. trans.z + 25;
            ELSE IF 4 < nCount < 7 THEN
            pM. trans.x : = pM. trans.x - 30;
            ELSE IF nCount = 7 THEN
            pM. trans.x : = pM. trans.x + 15;
            pM. trans.z : = pM. trans.z + 25;
            ELSE IF nCount = 8 THEN
```

```
            pM. trans. x : = pM. trans. x + 30;
            ELSE nCount = 9 THEN
            pM. trans. x : = pM. trans. x - 15;
            pM. trans. z : = pM. trans. z + 25;
             ENDIF

          IF nCount > 9 THEN
              Reset DO01_FEEDING;
              nCount: = 1;
              MoveJ * , vb, z5, tool0;
              MoveJ * , vb, z5, tool0;
              MoveJ Psafe, vb, z5, tool0;
              rPlaceT;
              TPErase;
              TPWrite "The program is completed!";
              WaitTime 0.2;
              Stop;
          ENDIF
        ENDWHILE
    ENDPROC

PROC rInitialize()
    MoveL pWork_Home, va, z10, tool0;
    nTool: = 0;
    ConfL\Off ;
    ConfJ\Off ;
    TPErase ;
ENDPROC

PROC rPick()
    MoveJ * , vb, z5, tool2;
    MoveJ Offs (pPick, 0, 0, 200), vb, z5, tool2;
    MoveL Offs (pPick, 0, 0, 20), vb, z5, tool2;
    MoveL Offs (pPick, 0, 0, 1), ve, fine, tool2;
    Set do03_VacuumA;
    waittime 0.5;
    MoveL Offs (pPick, 0, 0, 20), vb, z5, tool2;
    MoveJ Offs (pPick, 0, 0, 200), vb, z5, tool2;
    MoveJ * , vb, z5, tool2;
ENDPROC

PROC rPickT()
        !拾取工具子程序
        Set do00_Rqct;
        MoveL Offs(pPickT, 0, 0, 200), vb, z5, tool0;
        MoveL Offs(pPickT, 0, 0, 20), vb, fine, tool0;
        MoveL Offs(pPickT, 0, 0, 1), vf, fine, tool0;
        Reset do00_Rqct;
        waittime 0.5;
        MoveL Offs(pPickT, 0, 0, 15), ve, fine, tool0;
        MoveL Offs(pPickT, 0, 80, 20), vd, fine, tool0;
```

```
        MoveL Offs(pPickT,0,80,200),vb,z5,tool0;
        MoveJ pSafe,vb,z5,tool0;
    ENDPROC

PROC rPlaceT()
    !放置工具子程序
        MoveJ Psafe,vb,z5,tool0;
        MoveL Offs(pPickT,0,80,200),vb,z5,tool0;
        MoveL Offs(pPickT,0,80,15),vb,fine,tool0;
        MoveL Offs(pPickT,0,0,15),vd,fine,tool0;
        MoveL Offs(pPickT,0,0,2),ve,fine,tool0;
        Set do00_Rqct;
        waittime 0.5;
        MoveL Offs(pPickT,0,0,20),ve,fine,tool0;
        MoveL Offs(pPickT,0,0,200),vb,z5,tool0;
        MoveL pWork_Home,va,z10,tool0;
    ENDPROC

PROC rCheck_Tool()                                    !工具检测子程序
        TEST nTool
        CASE 1:
            pPickT:= pTool1;
            pPlaceT:= pPickT;
        CASE 2:
            pPickT:= pTool2;
            pPlaceT:= pPickT;
        CASE 3:
            pPickT:= pTool3;
            pPlaceT:= pPickT;
        DEFAULT:
            TPErase;
            TPWrite "The Tool Number is error,please check it!";
            Stop;
        ENDTEST
    ENDPROC

PROC rModPos()
!示教点辅助程序,过渡点调试时根据路径确定
        MoveAbsJ jposHome\NoEOffs,v200,fine,tool0;
        MoveL pWork_Home,v10,fine,tool0;
        MoveL pPick,v10,fine,tool2;
        MoveL pTool1,v10,fine,tool0;
        MoveL pTool2,v10,fine,tool0;
        MoveL pTool3,v10,fine,tool0;
        MoveL pSafe,v10,fine,tool0;
        MoveL pMa,v10,fine,tool2;
    ENDPROC
```

14.5.7　操作步骤

（1）机器人拿取吸盘，如图 14.6 所示。

（2）经若干过渡点后，移动到亚克力块上方，如图 14.7 所示。

图 14.6　机器人拿取吸盘

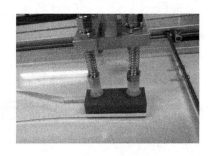

图 14.7　移动至亚克力块上方

（3）发出信号，将亚克力块吸起，如图 14.8 所示。

（4）经过若干过渡点后，将亚克力块移至码放平台，如图 14.9 所示。

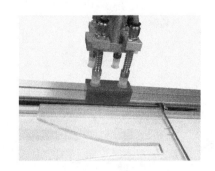

图 14.8　吸取亚克力块

图 14.9　移至码放平台

（5）到达指定位置后，发出信号，放下亚克力块，如图 14.10 所示。

（6）经过若干过渡点后，移动至初始位置，依次吸取并码放第二个、第三个、…、第十个亚克力块。直至码放完成，如图 14.11 所示。

图 14.10　放下亚克力块

图 14.11　码放完成

（7）经过若干过渡点后，将吸盘放回，如图 14.12 所示。

机器人码垛作业工作路径如图 14.13 所示。

图 14.12　放回工具

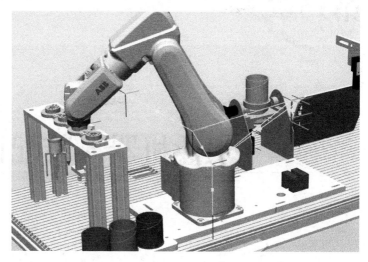

图 14.13　机器人码垛作业工作路径

第15章

工业机器人装配训练

15.1　训练目标

- 熟练掌握机器人的手动操作和示教；
- 学会装配常用 I/O 配置；
- 学会机器人与外围设备的通信；
- 掌握机器人目标点的示教。

15.2　任务描述

任务模块包括：ABB IRB120 机器人、卡爪卡具、变位机、圆筒工件、配套的电气、气动、机械装置等。任务要求操作机器人拿起卡爪工具，将带螺纹的圆筒工件安装到变位机的转盘上。此次任务需要依次完成 I/O 信号配置、建立程序数据、程序编写、目标示教等。通过本章的学习，读者应学会工业机器人如何装配。

15.3　任务准备

15.3.1　标准 I/O 板配置

ABB 标准 I/O 板挂在 DeviceNet 总线上面，常用型号有 DSQC651（8 个数字输入，8 个数字输出，2 个模拟输出），DSQC652（16 个数字输入，16 个数字输出）。

配置路径：主菜单→控制面板→配置（配置系统参数）→主题（I/O）→DeviceNet Device（总线设备）→添加相应的设备。

在系统中配置标准 I/O 板,首先选择所用的 I/O 设备,然后在 Name 栏中重新命名,如图 15.1 所示。

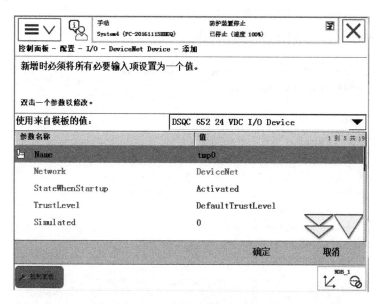

图 15.1　配置标准 I/O 板

更改 Address 栏,填上 I/O 板在总线上的实际地址,如图 15.2 所示。

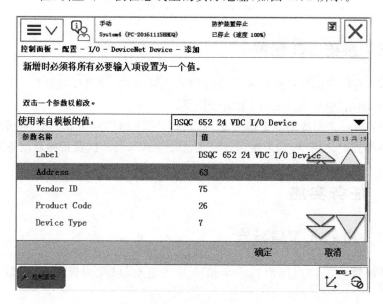

图 15.2　配置标准 I/O 板

15.3.2　数字 I/O 配置

在 I/O 单元上创建一个数字 I/O 信号,至少需要设置以下 4 项参数:信号名称、信号类型、信号所在 I/O 单元、单元地址,如图 15.3 所示。

Name——I/O信号名称；

Type of Signal——I/O信号类型；

Assigned to Device——I/O信号所在设备；

Device Mapping——I/O信号所占用的地址。

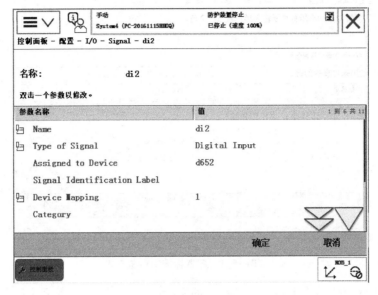

图15.3 数字 I/O 配置

15.3.3 系统 I/O 配置

系统输入：将数字信号与机器人系统的信号关联起来，就可以通过输入信号对系统进行控制（例如控制电动机、程序启停、紧急停止等）。

系统输出：机器人系统的状态信号也可以与数字输出信号关联起来，将系统的状态输出给外围设备作控制之用（例如系统运行模式、程序错误、与外围设备的通信等）。

15.4 任务实施

15.4.1 机器人工具标定

（1）在机械臂的工作范围内找一个精确的固定点，以此为设置 TCP 数据的基本参考点。

（2）在工具上确定一个参考点（最好是工具的几何中心点）。

（3）手动操纵机器人，移动工具上的参考点，采用四种以上不同的机器人姿态，尽可能与固定点刚好碰上。

（4）机器人通过四个位置点的位置数据计算求得 TCP 的数据，然后 TCP 的数据保存在 tooldata 程序数据中被程序调用。

15.4.2　创建载荷数据

操作步骤：主菜单→程序数据→视图→全部数据类型→Loaddata→新建。

设定相应的名称、范围、存储类型、任务、模块等参数，如图 15.4 所示。

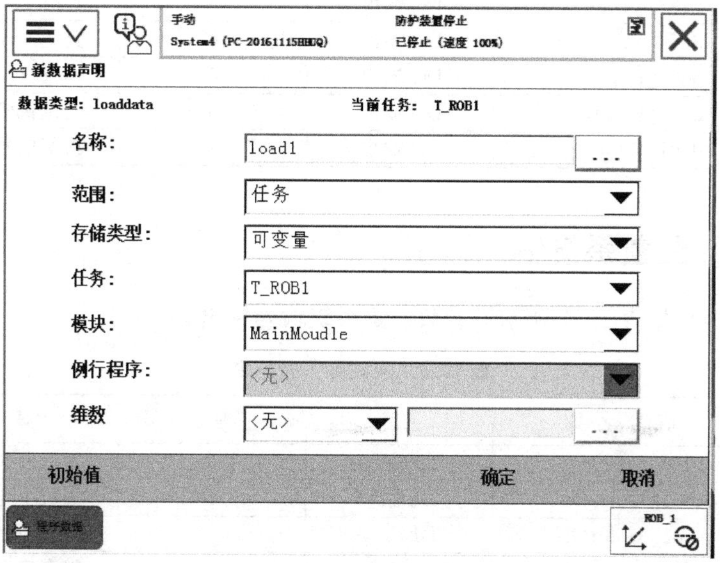

图 15.4　创建载荷数据

15.4.3　配置 I/O 单元

在示教器中根据表 15.1 所示的参数配置 I/O 单元。

表 15.1　I/O 单元参数配置表

参　　　数	值
Name	d652
Network	Devicenet
StateWhenStartup	Activated
TrustLevel	Default TrustLevel
Simulated	0
RecoveryTime	5000
Address	63（根据实际地址填写）

15.4.4　配置 I/O 信号

在示教器中根据表 15.2 所示的参数配置 I/O 信号。

表 15.2　I/O信号参数配置表

编号	信 号 名 称	类型	地址	注　　释
DO00	do00_Rqct	DO 输出	0	机器人快速交换工具
DO01	do01_Feeding	DO 输出	1	连续上料
DO02	do02_Fcylinder	DO 输出	2	手指气缸夹具
DO03	do03_VacuumA	DO 输出	3	真空——左
DO04	do04_VacuumB	DO 输出	4	真空——右
DO05	do05_Flip	DO 输出	5	变位机横轴翻转
DO06	do06_Rotate	DO 输出	6	变位机竖轴旋转
DO07	do07_Reserve	DO 输出	7	预留信号

15.4.5　配置系统输入输出

在示教器中根据表 15.3 所示的参数配置系统输入输出。

表 15.3　系统输入输出表

编号	信 号 名 称	类型	地址	注　　释
DI00	di00_Sensor	DI 输入	0	气压开关
DI01	di01_MotorOn	DI 输入	1	电机上电
DI02	di02_MotorOff	DI 输入	2	电机下电
DI03	di03_Start	DI 输入	3	程序启动
DI04	di04_Stop	DI 输入	4	程序停止
DI05	di05_StartMain	DI 输入	5	从主程序启动

15.4.6　程序注解

```
PROC rZhuangP()
    rInitialize;
    nTool := 3;
    rCheck_Tool;
    rPickT;
    MoveJ *, vb, z15, tool0;
    MoveJ *, vb, z15, tool0;
    MoveJ *, vb, z15, tool0;
    WHILE TRUE DO
    PulseDO\PLength:= 0.5, do02_Fcylinder;
    MoveJ Offs(pB3,0,0,100),vb,z5,tool3;
    MoveL Offs(pB3,0,0,2), vd, fine, tool3;
    Set do02_Fcylinder;
    WaitTime 1;
    MoveL Offs(pB3,0,0,150),vb,z5,tool3;
    MoveJ *, vb, z10, tool3;
    MoveJ *, vb, z10, tool3;
    MoveJ *, vb, z10, tool3;
    MoveJ *, vb, z10, tool3;
```

```
    MoveL * , vf, fine, tool3;
FOR i FROM 1TO 6 DO
    PulseDO\PLength: = 0.5, do06_Rotate;
    Set do02_Fcylinder;
    WaitTime 0.5;
    MoveL Offs(pZ,0,0, - 8), vz, fine, tool3;
    Reset do02_Fcylinder;
    WaitTime 0.5;
    MoveL Offs(pZ,0,0,0), vf, fine, tool3;
ENDFOR
    MoveL Offs(pZ,0,0,50), vb, fine, tool3;
    MoveJ * , vc, z10, tool3;
    MoveJ * , vb, z10, tool3;
    MoveJ * , vb, z10, tool3;
    MoveJ Psafe,vb,z5,tool0;
    rPlaceT;
    TPErase ;
    TPWrite "The program is completed!";
    Stop;
ENDWHILE
ENDPROC
```

15.4.7　操作步骤

(1) 机器人吸取卡爪,如图 15.5 所示。

(2) 经若干过渡点后,移动到圆筒上方并垂直进入圆筒中,卡紧圆筒,如图 15.6 所示。

图 15.5　机器人吸取卡爪

图 15.6　卡爪卡紧圆筒

(3) 操作机器人,将圆筒从托盘中取出,经过若干过渡点后,移至垂直于变位机转盘上方,如图 15.7 所示。

(4) 操作机器人,将圆筒沿坐标系 z 轴方向缓慢移动至变位机螺纹接口处。

(5) 变位机转盘开始转动。

(6) 机器人以合适的速度向下推进,如图 15.8 所示。

图 15.7 圆筒移至转盘上方

图 15.8 进行装配

(7) 前进一段距离后,卡爪松开,机器人卡爪向上移动,然后再次卡紧。

(8) 重复步骤(5)~(7)6 次,直到完成装配,如图 15.9 所示。

(9) 装配完成后,机器人卡爪松开并移出圆筒,同时变位机停止转动,如图 15.10 所示。

图 15.9 完成装配

图 15.10 卡爪移出圆筒

(10) 操作机器人,经过若干过渡点,返回放置卡具。

机器人装配作业工作路径如图 15.11 所示。

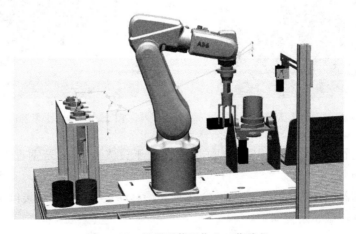
图 15.11 机器人装配作业工作路径

第16章

机 器 视 觉

16.1 机器视觉简介

16.1.1 机器视觉的概念

机器视觉,就是用机器代替人眼,来做测量和判断。本质上,机器视觉是图像分析技术在工厂自动化中的应用,通过使用光学系统、工业数字相机和图像处理工具,来模拟人的视觉能力,并做出相应的决策,最终通过指挥某种特定的装置执行这些决策。

在现代工业自动化生产过程中,机器视觉已经开始慢慢取代人工视觉,尤其是在工况检测、成品检验、质量控制等领域应用广泛,随着工业 4.0 时代的到来,这一趋势不可逆转。

16.1.2 机器视觉的优点

1. 精度高

作为一个精确的测量仪器,设计优秀的视觉系统能够对上千个或更多部件中的一个进行空间测量。因为此种测量不需要接触,所以对脆弱部件没有磨损和危险。随着数字相机的发展,相机的像素分辨率越来越高,因此系统可以达到非常高的测量精度,如很多应用可以将精度做到 $0.1\mu m$ 数量级。

2. 连续性

视觉系统可以使人们免受疲劳之苦。因为没有人工操作者,机器不需要休息,因此其可以连续 24 小时工作。

3. 稳定性

真实机器视觉测量是无人操作的,因此也就没有人为的误判,所以被测产品不会造成漏检和误检。机器测量时,当给定了测量标准后,合格的产品是合格的,不合格的产品是不合格的。当然,中间会有一些临界值,可能会因为测量的影响,有一定的变化,但这种问题,是所有测试测量中都会出现的问题。在生产中,可以将规格设置严格一些,至少保证所有合格产品都是合格的,而不合格的可以通过多次检测进行判断其是否合格。

4. 性价比高

随着计算机处理器价格的急剧下降,机器视觉系统性价比也变得越来越高。例如一个价值 10 万元的机器视觉尺寸测量设备可以轻松取代 10 个人工检测者,而每个检测者每年至少需要 3 万元工资。而随着中国人口红利消失,用人成本逐年上升,机器的价值将会得到更多的体现。另外,视觉系统的操作和维护费用也非常低。

5. 生产效率高

机器视觉设备可以每秒钟检测几十个产品。而这样的速度,是人类无法比拟的。例如一台编带机检查,每分钟可以检查一千多个元件的方向是否正确,一小时将会有六万多产品被检查,要是让人 1 小时检查 6 万多产品,可能需要几十或几百人。

6. 灵活性

视觉系统能够进行各种不同的测量。当应用变化后,只需软件做相应变化或者升级以适应新的需求即可。

16.1.3　机器视觉的系统构成

机器视觉系统用计算机来分析一个图像,并根据分析得出结论,然后给出下一步工作指令。通常机器视觉系统由如下的子系统或其中部分子系统构成:传感器检测系统、光源系统、光学系统(镜头)、采集系统(相机)、图像处理系统(软件)、图像测控系统(控制软件、运动控制等)、监视系统、通信/输入输出系统、执行系统、警报系统等。

机器视觉系统具体可分解成以下产品群。

传感系统:传感器以及其配套使用的传感控制器等。

光源系统:光源及其配套使用的光源控制器等。

光学系统:镜头、滤镜、光学接口等。

采集系统:数码相机、CCD、CMOS、红外相机、超声探头、雷达、图像采集卡、数据控制卡等。

图像处理系统:图像处理软件、计算机视觉系统等。

图像测控系统:控制软件、运动控制等图像测试控制辅助软件。

监视系统:监视器、指示灯等。

通信/输入输出系统:通信链路或输入输出设备。

执行机构:机械手及控制单元。

警报系统:警报设备及控制单元。

这些产品群中具有机器视觉系统产品典型特征的是光源、镜头、相机、采集卡、测控板卡、嵌入系统、软件、芯片、机械手、根据具体行业应用而形成的机器视觉系统设备等。

16.1.4　工业相机

工业相机是机器视觉系统中的一个关键组件,其最本质的功能就是将光信号转变成有序的电信号。选择合适的相机也是机器视觉系统设计中的重要环节,相机的选择不仅直接决定所采集到的图像分辨率、图像质量等,同时也与整个系统的运行模式直接相关。

1. 工业相机的详细介绍

工业相机又俗称摄像机,相比于传统的民用相机(摄像机)而言,它具有高图像稳定性、高传输能力和高抗干扰能力等,市面上的工业相机大多是基于 CCD(Charge Coupled Device)或 CMOS(Complementary Metal Oxide Semiconductor)芯片的相机。

CCD 是目前机器视觉最为常用的图像传感器。它集光电转换及电荷存贮、电荷转移、信号读取于一体,是典型的固体成像器件。CCD 的突出特点是以电荷作为信号,而不同于其他器件是以电流或者电压为信号。这类成像器件通过光电转换形成电荷包,而后在驱动脉冲的作用下转移、放大输出图像信号。典型的 CCD 相机由光学镜头、时序及同步信号发生器、垂直驱动器、模拟/数字信号处理电路组成。CCD 作为一种功能器件,与真空管相比,具有无灼伤、无滞后、低电压工作、低功耗等优点。

CMOS 图像传感器的开发最早出现在 20 世纪 70 年代初,到了 90 年代初期,随着超大规模集成电路(VLSI)制造工艺技术的发展,CMOS 图像传感器得到迅速发展。CMOS 图像传感器将光敏元阵列、图像信号放大器、信号读取电路、模数转换电路、图像信号处理器及控制器集成在一块芯片上,还具有局部像素的编程随机访问的优点。CMOS 图像传感器以其良好的集成性、低功耗、高速传输和宽动态范围等特点在高分辨率和高速场合得到了广泛的应用。

2. 工业相机的分类

工业相机的分类如下。

按照芯片类型可以分为:CCD 相机、CMOS 相机。

按照传感器的结构特性可以分为线阵相机、面阵相机。

按照扫描方式可以分为隔行扫描相机、逐行扫描相机。

按照分辨率大小可以分为普通分辨率相机、高分辨率相机。

按照输出信号方式可以分为模拟相机、数字相机。

按照输出色彩可以分为单色(黑白)相机、彩色相机。

按照输出信号速度可以分为普通速度相机、高速相机。

按照响应频率范围可以分为可见光(普通)相机、红外相机、紫外相机等。

3. 工业相机的主要参数

(1) 分辨率(Resolution):相机每次采集图像的像素点数(Pixels),对于数字相机一般是直接与光电传感器的像元数对应的,对于模拟相机则是取决于视频制式,PAL 制为 768 * 576,NTSC 制为 640 * 480,模拟相机已经逐步被数字相机代替,且分辨率已经达到 6576 * 4384。

(2) 像素深度(Pixel Depth):即每像素数据的位数,一般常用的是 8b,对于数字相机一般还会有 10b、12b、14b 等。

（3）最大帧率（Frame Rate）/行频（Line Rate）：相机采集传输图像的速率，对于面阵相机一般为每秒采集的帧数（Frames/Sec.），对于线阵相机为每秒采集的行数（Lines/Sec.）。

（4）曝光方式（Exposure）和快门速度（Shutter）：对于线阵相机都是逐行曝光的方式，可以选择固定行频和外触发同步的采集方式，曝光时间可以与行周期一致，也可以设定一个固定的时间；面阵相机有帧曝光、场曝光和滚动行曝光等几种常见方式，数字相机一般都提供外触发采图的功能。快门速度一般可到 $10\mu s$，高速相机还可以更快。

（5）像元尺寸（Pixel Size）：像元大小和像元数（分辨率）共同决定了相机靶面的大小。数字相机像元尺寸为 $3\sim10\mu m$，一般像元尺寸越小，制造难度越大，图像质量也越不容易提高。

（6）光谱响应特性（Spectral Range）：指该像元传感器对不同光波的敏感特性，一般响应范围是 $350\sim1000nm$，一些相机在靶面前加了一个滤镜，滤除红外光线，如果系统需要对红外感光时可去掉该滤镜。

（7）接口类型：有 Camera Link 接口，以太网接口，1394 接口、USB 接口。

4. 工业相机与普通相机的区别

（1）工业相机的性能稳定、可靠，易于安装，相机结构紧凑、结实，不易损坏，连续工作时间长，可在较差的环境下使用，一般的数码相机是做不到这些的。例如：让民用数码相机一天工作 24 小时或连续工作几天肯定会受不了的。

（2）工业相机的快门时间非常短，可以抓拍高速运动的物体。例如，把名片贴在电风扇扇叶上，以最大速度旋转，设置合适的快门时间，用工业相机抓拍一张图像，仍能够清晰辨别名片上的字体。用普通的相机来抓拍，是不可能达到同样效果的。

（3）工业相机的图像传感器是逐行扫描的，而普通的相机的图像传感器是隔行扫描的，逐行扫描的图像传感器生产工艺比较复杂，成品率低，出货量少，世界上只有少数公司能够提供这类产品，例如 Dalsa、Sony，而且价格昂贵。

（4）工业相机的帧率远远高于普通相机。工业相机每秒可以拍摄几十幅到几百幅图片，而普通相机只能拍摄两三幅图像，相差较大。

（5）工业相机输出的是裸数据（Raw Data），其光谱范围也往往比较宽，比较适合进行高质量的图像处理算法，例如机器视觉（Machine Vision）应用。而普通相机拍摄的图片，其光谱范围只适合人眼视觉，并且经过压缩，图像质量较差，不利于分析处理。

（6）工业相机（Industrial Camera）相对普通相机（DSC）来说价格较贵。

5. 工业相机的选择

工业相机一般安装在机器流水线上代替人眼来做测量和判断，通过数字图像摄取目标转换成图像信号，传送给专用的图像处理系统，图像系统对这些信号进行各种运算来抽取目标的特征，进而根据判别的结果来控制现场的设备动作。

（1）通常我们首先需要知道系统精度要求和相机分辨率，可以通过以下公式：

X 方向系统精度（X 方向像素值）＝视野范围（X 方向）/CCD 芯片像素数量（X 方向）。

Y 方向系统精度（Y 方向像素值）＝视野范围（Y 方向）/CCD 芯片像素数量（Y 方向）。

（2）当然理论像素值的得出，要由系统精度及亚像素方法综合考虑；接着我们需要知道系统速度要求与相机成像速度：

系统单次运行速度＝系统成像(包括传输)速度＋系统检测速度。

虽然系统成像(包括传输)速度可以根据相机异步触发功能、快门速度等进行理论计算,但最好的方法还是通过软件进行实际测试。

(3) 接下来我们要将相机与图像采集卡一并考虑,因为这涉及两者的匹配:

视频信号的匹配:对于黑白模拟信号相机来说有两种格式:CCIR 和 RS170(EIA),通常采集卡都同时支持这两种相机。

分辨率的匹配:每款板卡都只支持某一分辨率范围内的相机。

特殊功能的匹配:如要使用相机的特殊功能,先确定所用板卡是否支持此功能,例如,要多部相机同时拍照,这个采集卡就必须支持多通道,如果相机是逐行扫描的,那么采集卡就必须支持逐行扫描。

接口的匹配:确定相机与板卡的接口是否相匹配。如 CameraLink、GIGE、USB 3.0 等。

(4) 在满足我们对检测的必要需求后,最后才应该是价格的比较。

16.1.5 工业镜头

镜头的基本功能就是实现光束变换(调制),在机器视觉系统中,镜头的主要作用是将成像目标放在图像传感器的光敏面上。镜头的质量直接影响到机器视觉系统的整体性能,合理地选择和安装镜头,是机器视觉系统设计的重要环节。

1. 工业镜头的主要参数

1) 焦距(Focal Length)

焦距是从镜头的中心点到胶平面上所形成的清晰影像之间的距离。焦距的大小决定着视角的大小,焦距数值小、视角大,所观察的范围也大;焦距数值大、视角小,观察范围小。根据焦距能否调节,可分为定焦镜头和变焦镜头两大类。

2) 光圈(Iris)

用 F 表示,以镜头焦距 f 和通光孔径 D 的比值来衡量。每个镜头上都标有最大 F 值,例如 8mm/F1.4 代表最大孔径为 5.7mm。F 值越小,光圈越大,F 值越大,光圈越小。

3) 对应最大 CCD 尺寸(Sensor Size)

镜头成像直径可覆盖的最大 CCD 芯片尺寸。主要有:1/2in、2/3in、1in 和 1in 以上。

4) 接口(Mount)

镜头与相机的连接方式。常用的包括 C、CS、F、V、T2、Leica、M42x1、M75x0.75 等。

5) 景深(DoF)

景深(Depth of Field,DoF)是指在被摄物体聚焦清楚后,在物体前后一定距离内,其影像仍然清晰的范围。景深随镜头的光圈值、焦距、拍摄距离而变化。光圈越大,景深越小;光圈越小,景深越大。焦距越长,景深越小;焦距越短,景深越大。距离拍摄体越近时,景深越小;距离拍摄体越远时,景深越大。

6) 分辨率(Resolution)

分辨率代表镜头记录物体细节的能力,以每毫米里面能够分辨黑白对线的数量为计量单位:"线对/毫米"(lp/mm)。分辨率越高的镜头成像越清晰。

7）工作距离（WD）

工作距离（Working Distance，WD）是镜头第一个工作面到被测物体的距离。

8）视野范围（FoV）

视野范围（Field of View，FoV）表示相机实际拍到区域的尺寸。

2．工业镜头的选择

（1）选择镜头接口和最大 CCD 尺寸

镜头接口只要可跟相机接口匹配安装或可通过外加转换口匹配安装就可以了；镜头可支持的最大 CCD 尺寸应大于等于选配相机 CCD 芯片尺寸。

（2）选择镜头焦距

如图 16.1 所示，在已知相机 CCD 尺寸（S）、工作距离（WD）和视野（FoV）的情况下，可以计算出所需镜头的焦距（f）。

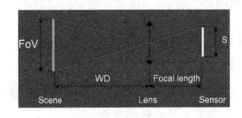

图 16.1　镜头焦距

（3）选择镜头光圈

镜头的光圈大小决定图像的亮度，在拍摄高速运动物体、曝光时间很短的应用中，应该选用大光圈镜头，以提高图像亮度。

16.1.6　光源

机器视觉系统的核心是图像采集和处理。所有信息均来源于图像之中，图像本身的质量对整个视觉系统极为关键。而光源则是影响机器视觉系统图像水平的重要因素，因为它直接影响输入数据的质量和至少 30% 的应用效果。

1．机器视觉光源的作用

通过适当的光源照明设计，使图像中的目标信息与背景信息得到最佳分离，可以大大降低图像处理算法分割、识别的难度，同时提高系统的定位、测量精度，使系统的可靠性和综合性能得到提高。反之，如果光源设计不当，会导致在图像处理算法设计和成像系统设计中事倍功半。因此，光源及光学系统设计的成败是决定系统成败的首要因素。在机器视觉系统中，光源的作用至少有以下几种：

（1）照亮目标，提高目标亮度；

（2）形成最有利于图像处理的成像效果；

（3）克服环境光干扰，保证图像的稳定性；

（4）用作测量的工具或参照。

由于没有通用的机器视觉照明设备，所以针对每个特定的应用实例，要设计相应的照明装置,以达到最佳效果。机器视觉系统光源的价值也正在于此。

图像质量的好坏,也就是看图像边缘是否锐利,具体来说:

(1) 将感兴趣部分和其他部分的灰度值差异加大;

(2) 尽量消隐不感兴趣部分;

(3) 提高信噪比,利于图像处理;

(4) 减少因材质、照射角度对成像的影响。

常用的有 LED 光源、卤素灯(光纤光源)、高频荧光灯。目前 LED 光源最常用,主要有如下几个特点:

(1) 可制成各种形状、尺寸及各种照射角度;

(2) 可根据需要制成各种颜色,并可以随时调节亮度;

(3) 通过散热装置,散热效果更好,光亮度更稳定;

(4) 使用寿命长;

(5) 反应快捷,可在 $10\mu s$ 或更短的时间内达到最大亮度;

(6) 电源带有外触发,可以通过计算机控制,启动速度快,可以用作频闪灯;

(7) 运行成本低、寿命长的 LED,会在综合成本和性能方面体现出更大的优势;

(8) 可根据客户的需要,进行特殊设计。

2. 机器视觉光源的分类

(1) 环形光源

环形光源提供不同照射角度、不同颜色组合,更能突出物体的三维信息;高密度 LED 阵列,高亮度;多种紧凑设计,节省安装空间;解决对角照射阴影问题;可选配漫射板导光,光线均匀扩散。应用领域:PCB 基板检测,IC 元件检测,显微镜照明,液晶校正,塑胶容器检测,集成电路印字检查。

(2) 背光源

用高密度 LED 阵列面提供高强度背光照明,能突出物体的外形轮廓特征,尤其适合作为显微镜的载物台。红白两用背光源、红蓝多用背光源,能调配出不同颜色,满足不同被测物多色要求。应用领域:机械零件尺寸的测量,电子元件、IC 的外形检测,胶片污点检测,透明物体划痕检测等。

(3) 条形光源

条形光源是较大方形结构被测物的首选光源;颜色可根据需求搭配,自由组合;照射角度与安装随意可调。应用领域:金属表面检查,图像扫描,表面裂缝检测,LCD 面板检测等。

(4) 同轴光源

同轴光源可以消除物体表面不平整引起的阴影,从而减少干扰;部分采用分光镜设计,减少光损失,提高成像清晰度,均匀照射物体表面。应用领域:系列光源最适宜用于反射度极高的物体,如金属、玻璃、胶片、晶片等表面的划伤检测,芯片和硅晶片的破损检测,Mark 点定位,包装条码识别。

(5) AOI 专用光源

不同角度的三色光照明,照射凸显焊锡三维信息;外加漫射板导光,减少反光;不同角度组合;应用领域:用于电路板焊锡检测。

（6）球积分光源

具有积分效果的半球面内壁，均匀反射从底部 360°发射出的光线，使整个图像的照度十分均匀。应用领域：适于曲面、表面凹凸、弧形表面的检测，或金属、玻璃表面反光较强的物体表面的检测。

（7）线形光源

超高亮度，采用柱面透镜聚光，适用于各种流水线连续检测场合。应用领域：阵相机照明专用，AOI 专用。

（8）点光源

大功率 LED，体积小，发光强度高；光纤卤素灯的替代品，尤其适合作为镜头的同轴光源等；高效散热装置，大大提高光源的使用寿命。应用领域：适合远心镜头使用，用于芯片检测，Mark 点定位，晶片及液晶玻璃底基校正。

（9）组合条形光源

四边配置条形光，每边照明独立可控；可根据被测物要求调整所需照明角度，适用性广。应用案例：CB 基板检测，IC 元件检测，焊锡检查，Mark 点定位，显微镜照明，包装条码照明，球形物体照明等。

16.1.7　机器视觉流行的软件平台和工具包简介

1. 软件平台

（1）VC：最通用，功能最强大。用户多，与 Windows 搭配，运行性能较好，可以自己写算法，也可以用工具包，而且基本上工具包都支持 VC 的开发。是主要选择的平台。

（2）C♯：比较容易上手，特别是完成界面等功能比用 VC＋MFC 难度低了很多，已经逐渐成为流行的使用平台了，算法在调用标准的库或者使用 C♯＋C++混合编程。可以看到目前很多相机厂商的 SDK 都已经开始使用 C♯做应用程序了。

（3）LabVIEW：NI 的工具图形化开发平台，开发软件快，特别是从事工控行业或者自动化测试行业的很多工程师，由于使用 labview 进行测试测量的广泛性，所以都有 labview 的基础，调用 NI 的 Vision 图像工具包开发，开发周期短，维护较为容易。

（4）VB、Delphi：用的人越来越少了。

2. 工具包

（1）halcon：出自德国 MVTech。底层的功能算法很多，运算性能快，用其开发需要一定的软件功底和图像处理理论。

（2）VisionPro：美国康耐视的图像处理工具包。大多数算法性能都很好，开发上手比 halcon 容易。

（3）NI Vision：NI 的特点是自动化测试大多数需要的软硬件都有解决方案，优点是软件图形化编程，上手快，开发周期快，缺点是并不是每个软件都非常厉害。视觉工具包的优势是售价比大多数工具包或者算法便宜了不少，而且整个工具包一个价格，而不是一个算法一个算法地卖，性能方面在速度和精度上没有前两种软件好。

（4）MIL：加拿大 maxtrox 的产品，是 Matrox Imaging Library 的简写。早期推广和普及程度不错，当前似乎主要用户还是早期的制作激光设备的一些用户在用，所以用于定位的较多。

（5）CK Vision。创科公司的软件包,相对前面几个工具包来说价格优势比较明显,另外机器视觉需要的功能也基本都有,所以在国内自动化设备特别是批量设备同时需要保护版权的企业而言,用量很大,推广也好。

（6）迈斯肯:迈斯肯的视觉主要产品还是条码阅读一类。

（7）OpenCV:openCV 更多地还是用在计算机视觉领域,在机器视觉领域其实不算太多,因为机器视觉领域当前主要的应用还是定位、测量、外观、OCR/OCV,这几项并不是opencv 的专长。

16.2 图像的采集保存与读取

16.2.1 采集单幅图像

采集单幅图像是最基本的图像采集操作,我们通常使用 IMAQdx Grab 进行采集。IMAQdx Grab 方式的图像采集程序框图如图 16.2 所示。

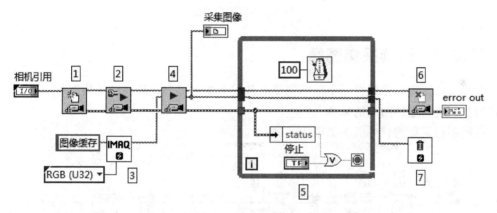

图 16.2 利用 IMAQdx Grab 进行图像采集

（1）通过 IMAQdx Open Camera. vi,打开相机。

（2）通过 IMAQdx Configure Grab. vi,配置相机准备采集。

（3）通过 IMAQ Create. vi,为图像数据创建一个数据缓冲区。

（4）通过 IMAQdx Grab. vi,采集图像,并把它放入之前创建好的数据缓冲区中,并放入采集图像中进行显示。

（5）图像数据缓冲区一旦释放,前面板上就看不到采集的图像了,因此通过一个延时程序,等待用户停止。

（6）调用 IMAQdx Close Camera. vi,关闭相机。

（7）调用 IMAQ Dispose. vi,释放占有的图像数据缓冲区。

其中,第(3)步和第(7)步是创建图像数据缓冲区和释放图像数据缓冲区。这是因为每帧图像的数据量都特别大,如果在处理图像的过程中直接传递图像数据,则非常耗时。最好的方式是仅仅传递指向该数据缓冲区的引用。IMAQ Create. vi 完成的就是创建图像数据缓冲区并返回指向该数据缓冲区的引用过程。

　　单幅图像采集的运行结果如图 16.3 所示。其中,最下方信息分别表示分辨率、当前倍数、图像位深、灰度值和当前 XY 坐标。

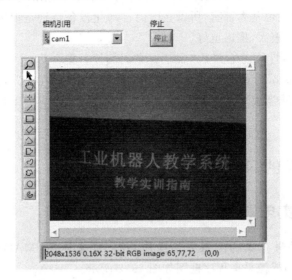

图 16.3　单幅图像采集

16.2.2　连续采集图像

　　连续采集图像只需要在采集单幅图像的基础上加入 WHILE 循环结构即可。下面将详细讲解如何进行连续图像的采集。

　　连续图像采集的程序框图如图 16.4 所示。

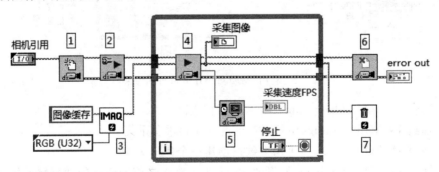

图 16.4　连续采集图像

　　(1) 通过 IMAQdx Open Camera. vi,打开相机。

　　(2) 通过 IMAQdx Configure Grab. vi,配置相机准备采集。

　　(3) 通过 IMAQ Create. vi,为图像数据创建一个数据缓冲区。

　　(4) 通过 IMAQdx Grab. vi,采集图像。采集图像放在了 WHILE 循环内,因此将进行连续采集,直到按下停止按钮。

　　(5) 通过 Vision Acquisition 可得到采集单张图像的时间。

　　(6) 调用 IMAQdx Close Camera. vi,关闭相机。

　　(7) 调用 IMAQ Dispose. vi,释放占有的图像数据缓冲区。

16.2.3 利用快速 VI 采集图像

快速 VI 是将资源开启、获取、关闭包装成一个 Express VI,帮助使用者快速完成图像采集的相关设定,直接将图像输出到 Labview 前面板上。

快速采集 VI 可在"视觉与运动"→Vision Express→Vision Acquisition 中找到。如图 16.5 所示。将 Vision Acquisition 直接拖动到程序框图上,即可自动弹出启动设定界面。

图 16.5 Vision Acquisition 位置

1. 设定取像来源(Select Acquisition Source)

左侧 Acquisition Sources for Localhost 中可以检测目前安装在电脑上所有相机的名称,选择 NI-IMAQdx Devices 中的相机【cam0:Balsler GenICam Source】为本次取像用的相机,接着可以按下右方取像按键(分别为读取单张和连续读取),测试相机是否正常初始化并取到像;右下角是相机的基础数值,如图 16.6 所示。

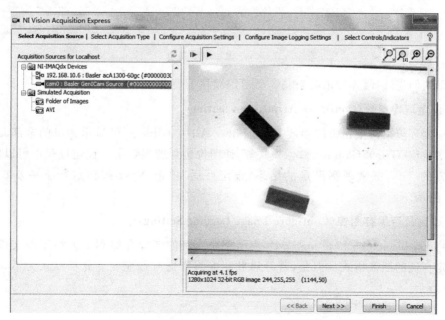

图 16.6 设定取像来源

2. 设定取像类型（Select Acquisition Type）

共分成 4 种类型：

- 取单张图像（Single Acquisition with Processing）；
- 连续取像（Continuous Acquisition with Inline Process）；
- 一次取固定张图像，边取像边处理（Finite Acquisition with Inline Processing）；
- 一次取固定张图像，当所有图像读取完后再处理（Finite Acquisition with Post Processing）。

如图 16.7 所示。

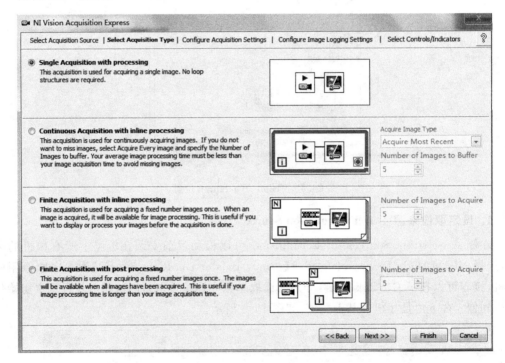

图 16.7　设定取像类型

这里我们先选择【连续取像】模式，然后继续往下设定。

3. 设定取像参数（Configure Acquisition Settings）

可根据环境来调整相机的参数，勾选 Show All Attributes 可显示相机的全部参数，可以改变增益值（Gain）、Gamma、取像模式等，使图像达到理想效果。设定过程中可以同时按下右上方的 Test 键来观察设定的结果，设定好后，单击 Next 按钮进行下一步设定，如图 16.8 所示。

4. 设定是否保存图像（Configure Image Logging Settings）

若将 Enable Image Logging 选中，表示将获取到的图像存储到下方指定的文件夹中，并可设定存储的图像格式。但是，若开启此功能将降低取像速度。此项默认为不勾选，如图 16.9 所示。

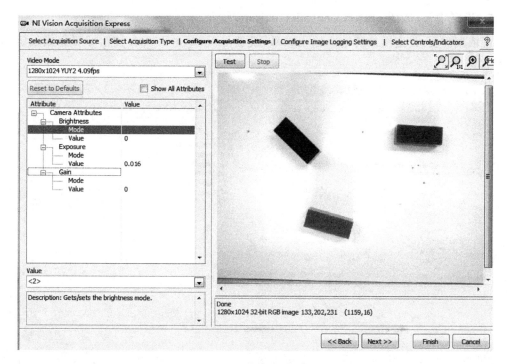

图 16.8　设定取像参数

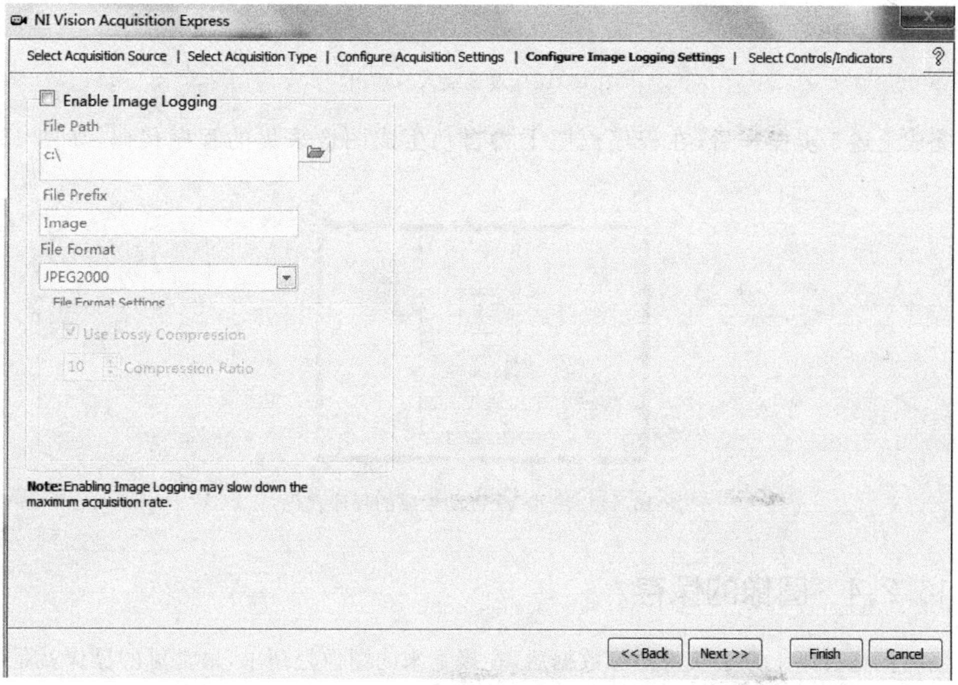

图 16.9　设定是否保存图像

5．设定输入与输出（Select Controls/Indicators）

可依据需要，设定图像的输入输出参数，设置好后，单击 Finish 按钮即可完成设定，如图 16.10 所示。

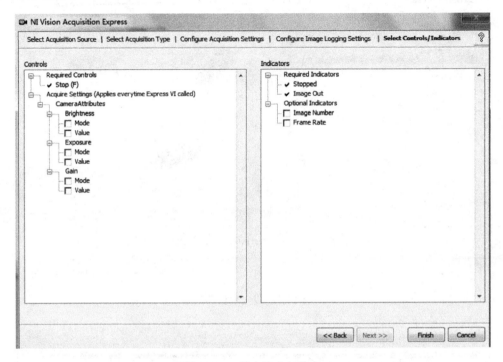

图 16.10　设定输入与输出

完成上述 5 步操作后，在程序框图上将自动生成图像采集的程序代码，如图 16.11 所示。

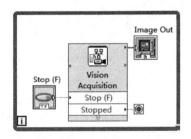

图 16.11　快速 VI 自动生成的程序代码

16.2.4　图像的保存

当我们通过以上方法获得图像数据后，在接下来的图像处理中，最常见的操作就是对图像进行保存与读取。

图像保存 VI 可在"视觉与运动"→Vision Utilities→Files→IMAQ Write File2 中找到，如图 16.12 所示。

图像文件操作 VI 支持读写的图像文件格式有 BMP、JEPG、JEPG2000、PNG、PNG

with Vision info 和 TIFF。这里，我们保存图片格式为 PNG，实现采集一张图像并保存到指定路径（File Path），如图 16.13 所示。

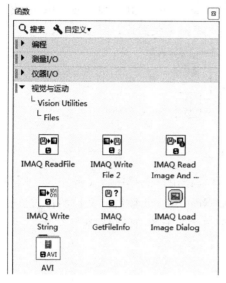

图 16.12　图像文件操作 VI

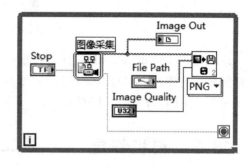

图 16.13　保存图像文件

另一个方法来实现采集图像并保存，就是利用快速采集 VI，通过设置第 4 步中的是否保存图像，将图像保存到指定路径，如图 16.14 所示。

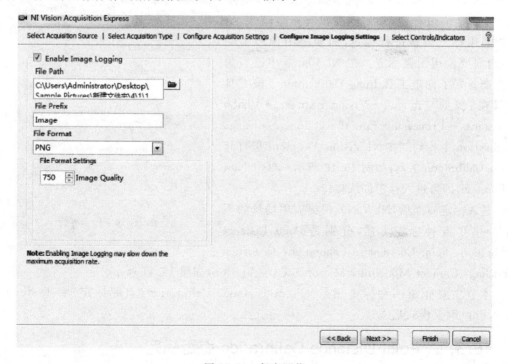

图 16.14　保存图像

16.2.5 图像的读取

图像读取 VI 可在"视觉与运动"→Vision Utilities→Files→IMAQ ReadFile 中找到。程序框图如图 16.15 所示。本例实现读取一个文件夹下的一张图片，并显示出来。

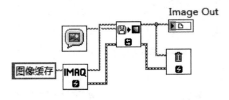

图 16.15　读取图像

IMAQ Load Image Dialog. vi 会弹出一个对话框，让用户选择图像文件路径。图像文件路径获得后传给 IMAQ ReadFile. vi，告诉 IMAQ ReadFile. vi 欲读取文件的位置。根据文件种类的不同，需要用 IMAQ Create. vi 创建一个与之匹配的图像缓冲区。

16.3　相机标定

在图像处理中，我们最常做的就是物体尺寸的测量。然而，相机采集到的尺寸是以像素值为单位的。因此，我们有必要对相机进行标定，将像素值转换为常用的物理值，如毫米、厘米等单位。在标定的过程中，如果图像没有产生畸变，则可以使用标定当量进行标定，而如果图像产生畸变，则需要使用图像标定。在 NI Vision 中已经为我们准备好了标定工具 ImageCalibration。该工具可以在"视觉与运动"→Vision Express→Vision Assistants→Processing Functions：Image→Image Calibration 中找到。在 NI Vision Assistant 里打开 Image Calibration 工具，如图 16.16 所示。单击 New Calibration，即可进入标定训练接口。

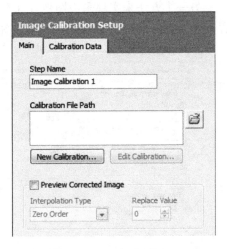

图 16.16　标定界面

进入标定界面后，NI Vision 根据应用场景的不同，提供了 5 种标定方法，分别是 Point Distance Calibration，Point Coordinates Calibration，Distortion Modeling，Camera Modeling，Microplane Calibration，如图 16.17 所示。

本节主要介绍两种标定场景：Point Distance Calibration（点距标定）和 Distortion Modeling（畸变模式）。

16.3.1　Point Distance Calibration 点距标定

如图 16.17 所示，首先在 Select Calibration Type 中选择第一个 Point Distance Calibration 点距标定。该标定方法是根据一个已知的距离直接将像素坐标转换到真实坐

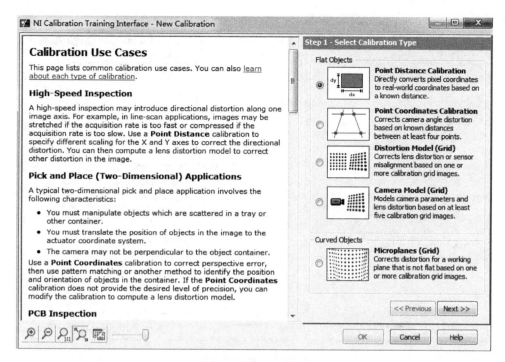

图 16.17　相机标定初始界面

标。单击 Next 按钮，进入下一步的设置。

如图 16.18 所示，要求选择图像源。图中使用标定板进行标定。NI Vision 提供了特定的圆形网格图案作为标定用的模板，本节也采用了同样图案的打印纸，将其粘贴到了一块硬板上，保证所有圆点处在一个平面上。圆点中心到相邻的圆点中心的距离为 10mm。将粘贴了网格的硬板放置在待测量区域，并保证待测区域与硬板距离相机镜头距离相等。选择好图像后，单击 Next 按钮，进入下一步。

如图 16.19 所示，点距标定是指定真实距离。其中复选框 Specify a different scale for the Y axis 是对于 Y 轴指定不同的比例，当用户的传感器是长方形像素时，或者用户仅仅想考虑一个方向时，可以使能 Specify a different scale for the Y axis 选项，然后当前的点会变成 X 轴的点距离，单击 Next 按钮时则会指定 Y 轴的点距离。这里为了清楚说明每一步，使能对于 Y 轴指定不同的比例（虽然大部分的传感器像素都是正方形的）。下面一条信息为通过单击图像选择两点，然后指定两点间的距离使用真实的单位。可以选择下面列表中的点来调整 X、Y 的坐标。使能对于 Y 轴指定不同的比例后，第三步在 X 轴上指定距离。这里我们在图像上沿 X 轴方向找两个点（不一定非要在一条水平线上，因为 Y 坐标在这里是不考虑的）。

如图 16.20 所示，首先在图像中指定了两个点。如果单击列表中的某个点，其 X 的坐标是可以调整的，但是 Y 的表示是灰色禁止调整的。也就是指定 X 轴距离时，只考虑 X 轴的坐标。

在 Distance 距离中，有 dx 即 X 轴的变量值，Image 即显示两点在图像中的距离，Real World 则用于指定两点的真实距离。Unit 单元置顶里图像中的单位为 Pixel 像素，而真实距离的单位，需要由用户自己定义。可以使用下拉列表，其中有微米、毫米、厘米、米、千米、

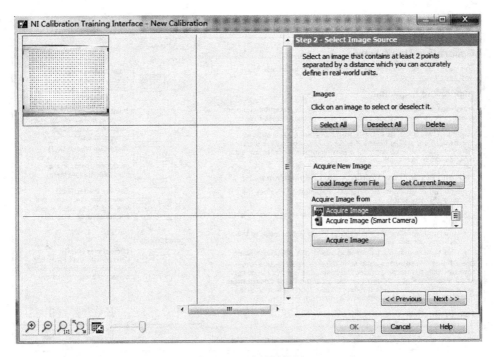

图 16.18　选择图像源

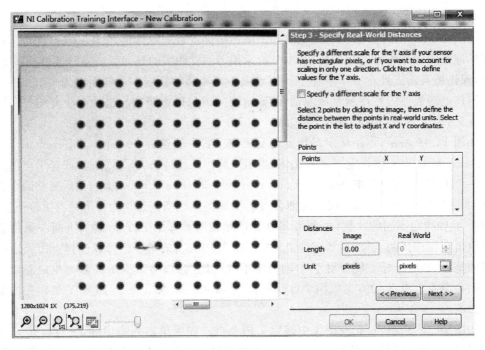

图 16.19　指定真实距离

寸、码等长度单位。这里我们使用毫米单位，并且指定两点间的真实距离为 10mm。单击 Next 按钮进入下一步。

如图 16.21 所示，指定 Y 轴上的两点，并且指定其真实距离。从中可以看到，点阵列表

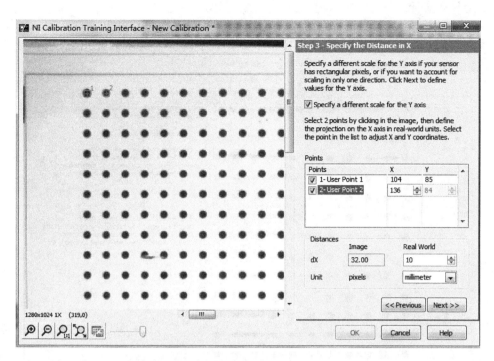

图 16.20 指定 X 轴上两点并指定其距离

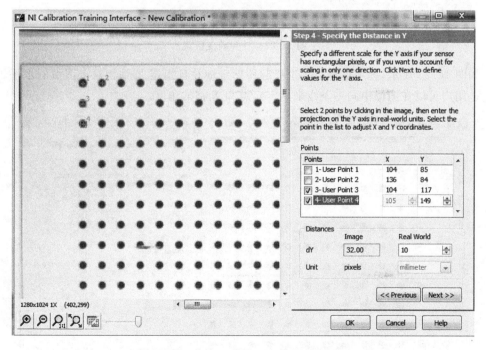

图 16.21 指定 Y 轴上两点并指定其距离

中还包含了前面的 X 轴上的两点。这里与指定 X 轴上的点时大致一样,只是这时能调整的只有点的 Y 坐标值,X 坐标值是无法调整的,而且这里的距离中的真实值单位已经固定了不能再修改。

下面单击 Next 按钮进入下一步。

如图 16.22 所示,如果图像有较大的畸变失真,则需要使能 Compute Distortion Model 计算畸变模式,然后进入后面的即便校正步骤。关于畸变模式稍后介绍,这里直接单击 Next 按钮,进入下一步。

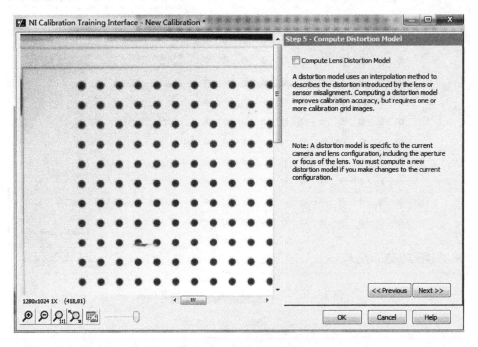

图 16.22　计算畸变模式

如图 16.23 所示,提示信息显示选择起始标定轴并且指定 X 轴相对于图像的水平轴的角度。用户可以在图像中画一条线来指定起点和 X 轴的角度。

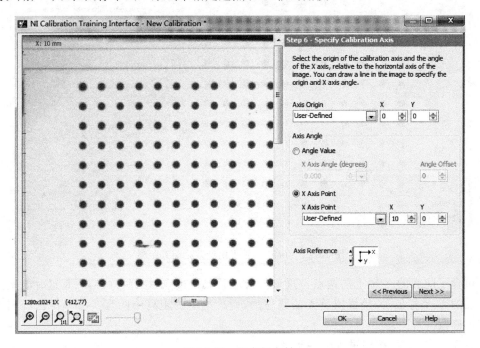

图 16.23　指定标定轴

Axis Origin 轴(X)原点：指定 X 轴的原点。下面有 User-Defined 用户自定义，没有其他选项。系统默认的原点是 X、Y 都为 0,即图像的原点。

Axis Angle 轴(X)角度：用于指定 X 轴的角度,有两种方式,一种是使用 Angle Value 角度值,在下面可以指定 X Axis Angle(degrees)X 轴的角度和 Angle Offset 角度偏移；另一种是 X Axis Point X 轴上的点,因为我们已经指定了 X 轴的原点,再加上 X 轴上的另一点,则利用两点连成一条直线,就可以确定 X 轴的直线与角度了。

Axis Reference 轴参考方向：有两种方式,一种是 X 向右、Y 向下；另一种是 X 向右、Y 向上。确定好数据后,再单击 Next 按钮,进入下一步。

如图 16.24 所示,概括中显示了标定后的数据,并且提示标定已经成功学习。单击 OK 按钮,进行保存。保存的图像文件类型为 PNG,因为只有 PNG 可以包含图像的信息。

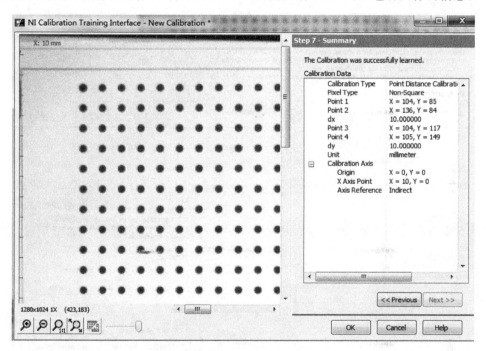

图 16.24 Summary 概括

16.3.2 Distortion Modeling 畸变模式

畸变模式的作用是修正镜头畸变或传感器中心线不重合。

(1) 选中 Distortion Model,然后单击 Next 按钮,如图 16.25 所示。

(2) 选择图像源,如图 16.26 所示,选好后单击 Next 按钮。

(3) Extract Grid Features 中,首先利用提供的 ROI 工具,选择有效的图像识别范围,以减少识别误差,默认为使用整个图像。在 Image 中,因为只选择了一张图像,因此是灰色不可选状态。查找对象(Look For),有黑色目标(Dark Objects)、白色目标(Bright Objects)和灰色目标(Gray Objects)。Method 为使用的阈值方法,有手动阈值(Manual Threshold)、自动阈值(Auto Threshold)、局部阈值(Local Threshold)等方法。此处使用局部阈值,ROI Size 为兴趣区域大小,Kernel Size 为内核尺寸,用于指定每个像素的邻域从而计算局部阈

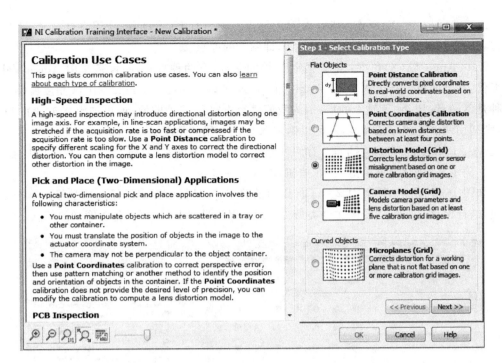

图 16.25　畸变模式

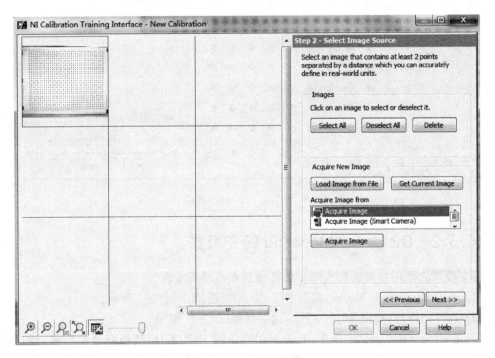

图 16.26　选择图像源

值中像素的平均亮度值。其大小应与要分离的目标大小相同。Deviation Factor 为偏差因素,用于指定 NiBlack 阈值算法的灵敏度,值越小对噪声越敏感,具体设置如图 16.27 所示。

（4）需要指定栅格参数,单位为毫米,如图 16.28 所示。

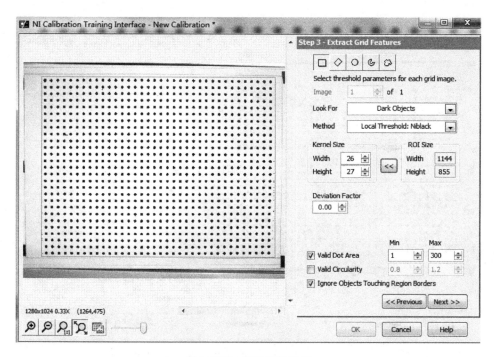

图 16.27 提取栅格特征

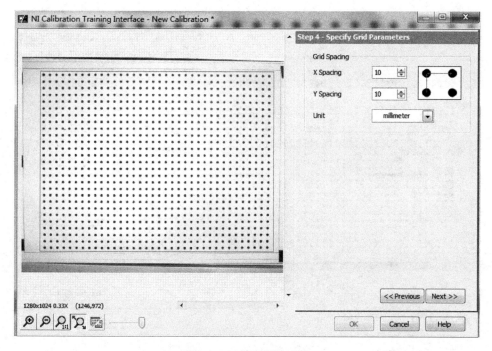

图 16.28 指定栅格参数

（5）检查标定结果。拖动滑杆可以改变畸变模式,滑杆越往左,计算越快,精度越低;越往右,计算越慢,精度越高,如图 16.29 所示。

（6）指定标定轴方向,同点距标定一样,具体设置如图 16.30 所示。

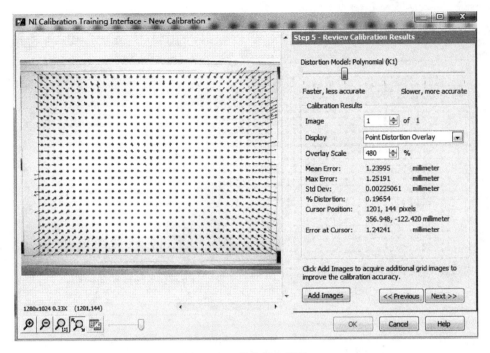

图 16.29　检查标定结果

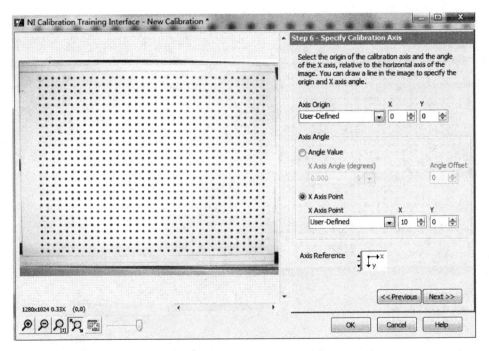

图 16.30　指定标定轴

（7）概括，显示了标定后的数据。并且提示标定已经成功学习。

标定完成后，单击 OK 按钮，即可将标定结果保存，至此便完成了相机的标定过程。

16.4 视觉分拣

机器人视觉分拣系统以 IRB120 为主体,并由千兆以太网工业相机、镜头、相机支架、计算机、气泵、上料机构、传送带、不同颜色的亚克力块、工件放置台等部分组成。

视觉分拣流程:首先工件由上料机推出,经传送带传递进入相机视野范围内,然后相机对工件进行图像采集并对图像进行处理分析,识别出工件的颜色、个数等数据,并将数据发送给机器人。当工件到达预定位置时,引导机器人抓取不同种特征的工件,根据颜色将工件放置在不同颜色的罐里。

具体步骤如下:

1. 建立通信

我们通常把计算机作为服务端,机器人作为客户端。设置计算机 IP 和机器人 IP 在同一网段下,本例中计算机 IP 为 192.168.10.6,机器人 IP 为 192.168.10.8。计算机中通过 TCP/IP 函数进行侦听,并设置端口号为 1050,如图 16.32 所示。

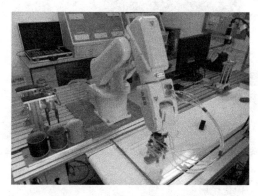

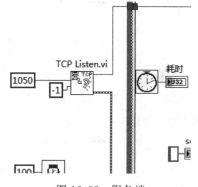

图 16.31　机器人视觉分拣系统　　　　图 16.32　服务端

机器人中通过 socket 等指令进行连接。首先创建套接字 socket1,然后通过 SocketConnect 连接到 IP 地址为 192.168.10.6 的计算机,且端口号为 1050。机器人代码如图 16.33 所示。

```
SocketClose   socket1;
SocketCreate  socket1;
SocketConnect socket1, "192.168.10.6", 1050;
```

图 16.33　客户端代码

2. 图像采集与处理

通过 Vision Acquisition 快速 VI 进行图像采集。因为摄像头要持续采集传送带的工件状态,所以,快速 VI 中设置为连续采集模式。图像采集与处理程序框图如图 16.34 所示。

提取兴趣区域中,首先进行相机标定,使像素值转换为真实物理值。然后进行图像掩模(Image Mask),通过 ROI 工具画出选框,提取出感兴趣区域,如图 16.35 所示。

提取兴趣区域完成后,进行图像分割。图像分割的作用是将颜色分辨出来。此处以识别黑色工件为例,其他颜色设置方法原理相同,图像分割如图 16.36 所示。

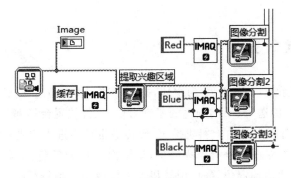

图 16.34　图像采集与处理

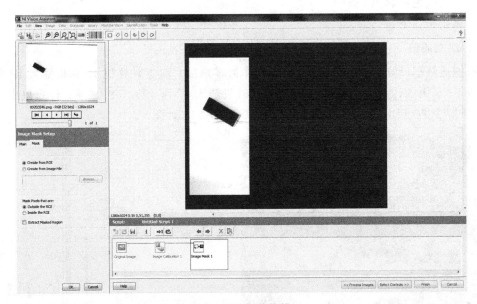

图 16.35　图像掩模

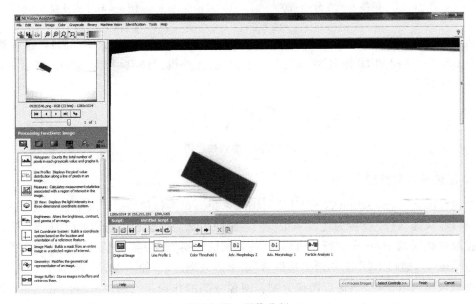

图 16.36　图像分割

如图 15.36 所示,图像分割由 Line Profile、Color Threshold、Adv. Morphology、Particle Analysis 几部分组成。Line Profile 操作如图 16.37 所示。

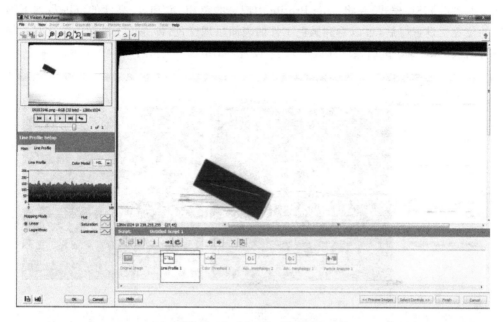

图 16.37　Line Profile 设置

如图 16.37 所示,该函数用于查看一条线上的灰度值或 RGB 值曲线图。首先将 Color Model 设置为 HSL,然后通过 ROI 工具在黑色工件上画一条线,在左边可以看到该曲线的线剖面图。从线剖面图中我们可以读出黑色工件的色相、饱和度、亮度的范围。接下来进行 Color Threshold(颜色阈值)设置,如图 16.38 所示。

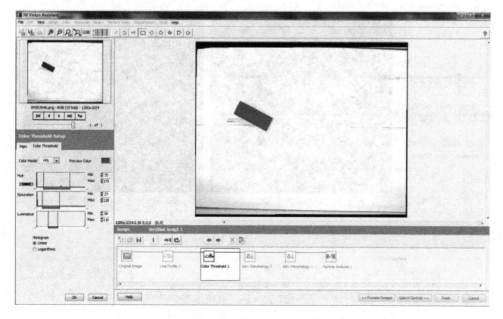

图 16.38　Color Threshold 设置

　　如图 16.38 所示,该函数用于将彩色图像转换为二值图像。在彩色图像的三个平面上 (RGB、HSL、HSV)应用阈值并且将结果放置到一幅 8 位的图像中。这里我们在 Color Model 中选择 HSL 模式,并将 Line Profile 中记录的色相、饱和度、亮度的范围写到下列中相应的位置。设置好后,可以看到黑色工件的表面呈现红色,即完成工件颜色的比对。接下来进行两次 Adv. Morphology(高级形态学)设置,如图 16.39 和图 16.40 所示。

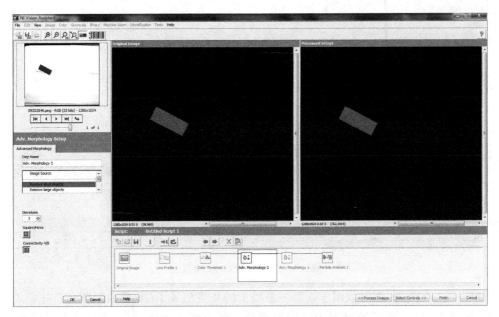

图 16.39　Adv. Morphology 高级形态学设置 1

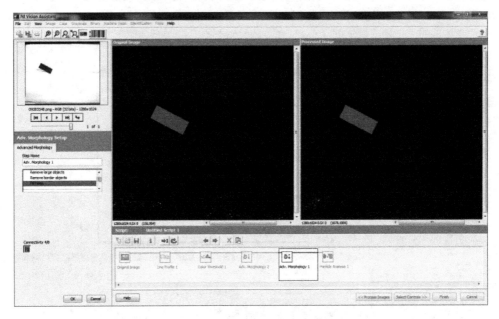

图 16.40　Adv. Morphology 高级形态学设置 2

两步高级形态学分别进行的是 Remove small objects(删除小目标)和 Fill holes(填充孔洞)。高级形态学的作用是将我们的目标物提取的更为理想。

Remove small objects(删除小目标)函数的作用是将图像中的小的目标删除,使图像更简洁。小的目标是通过腐蚀次数 Iterations 来定义的,定义的腐蚀次数越大,则过滤删除的小目标面积也就越大。Iterations 控制的是使用 3×3 的掩模进行腐蚀的次数。可以看出,传送带上干扰的小目标已经被去除。

Fill holes(填充孔洞)函数的作用是当粒子内部有孔洞时,通过填充孔洞函数进行填充。

高级形态学设置完毕后,进行 Particle Analysis(粒子分析)设置,如图 16.41 所示。

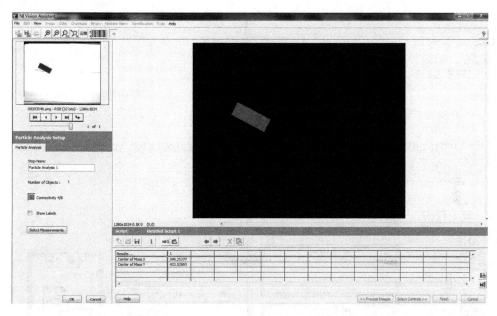

图 16.41　Particle Analysis 粒子分析设置

如图 16.41 所示,使用粒子分析函数可以对图像中的粒子个数进行检测,通过 Select Measurements 选择测量按钮还可以选择想要的数据信息。此处用 Particle Analysis 的目的是将 number of Objects 目标数量的结果输出。设置好后,单击右下角的 Select Controls 进行输入输出设置,如图 16.42 所示。

如图 16.42 所示,勾选 Particle Analysis 中的 Number of Particles。单击 Finish 按钮完成设置。

3. 发送数据至机器人

完成图像分割后,粒子个数如果是 1 则表明此刻有黑色工件通过摄像头的视野范围,则通过写入 TCP 数据函数发送"Black"字符串给机器人,如图 16.43 所示。

4. 机器人接收数据并执行相应动作

机器人接收字符串数据,并根据字符串中的内容,将工件放置到相同颜色的色筒里,该部分程序代码如下所示:

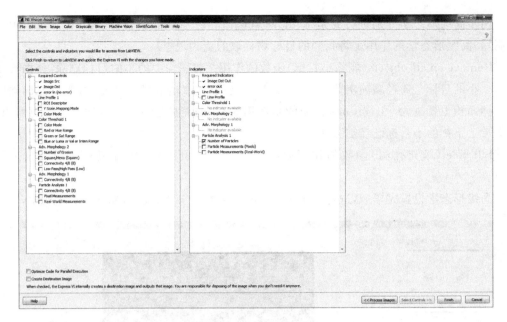

图 16.42 输入输出设置

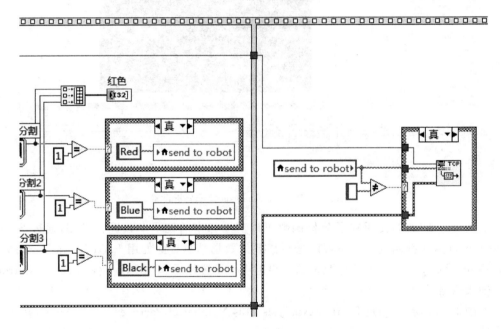

图 16.43 发送字符串

```
SocketReceive socket1\Str: = Restring\Time: = WAIT_MAX;
IF Restring = "Red" THEN
  MoveJ p10, v300, z15, tool1;
rPick;
    MoveJ pRed, v300, fine, tool1;
Reset DO4;
Waittime 0.5;
MoveJ p10, v300, fine, tool1;
    Restring : = "";
```

```
        WaitTime 1;
ELSEIF Restring = "Blue" THEN
        MoveJ p10, v500, z15, tool1;
    rPick;
        MoveJ pBlue, v300, fine, tool1;
    Reset DO4;
    Waittime 0.5;
    MoveJ p10, v300, fine, tool1;
        Restring : = "";
        WaitTime 1;
ELSEIF Restring = "Black" THEN
        MoveJ p10, v300, z15, tool1;
    rPick;
        MoveJ pBlack, v300, fine, tool1;
    Reset DO4;
    Waittime 0.5;
    MoveJ p10, v300, fine, tool1;
        Restring : = "";
        WaitTime 1;
    ENDIF
```

其中 Restring 为字符串变量,通过 SocketReceive 指令接收计算机发送来的数据,DO4 信号为真空吸盘,用于工具吸起工件。P10 点为机器人等待位置,pRed、pBlue、pBlack 分别为相应颜色圆筒的位置。

在服务端通过计时器记录了从图像采集到发送数据所用的总时间,程序前面板如图 16.44 所示,总时间为 241ms,通过优化程序和减小兴趣区域可以大幅减少所需时间。

图 16.44　程序界面

参 考 文 献

[1] 叶辉,管小清. 工业机器人实操与应用技巧[M]. 北京:机械工业出版社,2010.

[2] 叶辉,等. 工业机器人工程应用虚拟仿真教程[M]. 北京:机械工业出版社,2013.

[3] SMC(中国)有限公司. 现代实用气动技术[M].3 版. 北京:机械工业出版社,2008.